职业院校智能制造专业"十三五"系列教材

智能机器人高级编程及应用
（ABB 机器人）

张明文　王璐欢　编著

机械工业出版社

本书基于 ABB 机器人上位机控制软件的开发应用，由浅入深、循序渐进地介绍了 ABB 机器人高级编程及应用知识。全书以工业机器人的智能化为切入点，配合丰富的应用案例，系统地介绍了 C#语言、Winform 编程、ABB 机器人 PC SDK 软件包架构、机器人控制器管理、机器人 I/O 管理、机器人程序管理、机器人文件管理和机器人视觉系统应用等内容。通过学习本书，读者将会对机器人高级编程及控制应用更加熟悉，理解更深刻。

本书图文并茂，通俗易懂，具有很强的实用性和可操作性，既可作为应用型本科和职业院校工业机器人相关专业的教材，又可作为工业机器人培训机构用书，同时可供相关行业的技术人员参考。

图书在版编目（CIP）数据

智能机器人高级编程及应用：ABB 机器人/张明文，王璐欢编著.
—北京：机械工业出版社，2020.2（2024.2 重印）
职业院校智能制造专业"十三五"系列教材
ISBN 978-7-111-64400-2

Ⅰ.①智…　Ⅱ.①张…　②王…　Ⅲ.①智能机器人 – 程序设计 – 职业教育 – 教材　Ⅳ.①TP242.6

中国版本图书馆 CIP 数据核字（2019）第 285913 号

机械工业出版社（北京市百万庄大街 22 号　邮政编码 100037）
策划编辑：张雁茹　责任编辑：张雁茹
责任校对：王　欣　封面设计：陈　沛
责任印制：邓　博
北京盛通数码印刷有限公司印刷
2024 年 2 月第 1 版第 2 次印刷
184mm×260mm · 12.75 印张 · 315 千字
标准书号：ISBN 978-7-111-64400-2
定价：39.80 元

电话服务　　　　　　　　　　网络服务
客服电话：010 – 88361066　　机 工 官 网：www.cmpbook.com
　　　　　010 – 88379833　　机 工 官 博：weibo.com/cmp1952
　　　　　010 – 68326294　　金 书 网：www.golden – book.com
封底无防伪标均为盗版　　机工教育服务网：www.cmpedu.com

前 言
PREFACE

工业机器人作为先进制造业的重要支撑装备，其应用领域已经从汽车、电子、食品包装等传统领域逐渐向新能源、高端装备、仓储物流等新型领域快速转变。我国工业机器人行业发展迅猛，产量持续增长，预计2019年全国工业机器人产量近20万台。

我国劳动力成本不断上涨，人口红利逐渐消失。工业机器人在提高生产自动化水平，提高劳动生产率和产品质量，改善工人劳动条件等方面发挥了重要作用。大力发展工业机器人产业，对于打造我国制造业新优势，推动工业转型升级，加快制造强国建设，改善人民生活水平具有深远意义。"中国制造2025"将机器人作为重点发展领域的总体部署，使机器人产业上升到国家战略层面。

随着"工业4.0"观念的普及和人工智能领域的发展，全球范围内的制造产业正处于战略转型期，我国工业机器人产业同样迎来爆发性的发展机遇。然而，现阶段我国工业机器人领域供需失衡，缺乏工业机器人高级编程及智能化应用的相关专业人才。《制造业人才发展规划指南》提出，把人才作为实施制造业发展战略的重要支撑，加大人力资本投资，改革创新教育与培训体系，大力培养技术技能紧缺人才，支持基础制造技术领域人才培养，提升制造业人才关键能力和素质。

本书基于ABB机器人上位机控制软件的开发应用，由浅入深、循序渐进地介绍了ABB机器人高级编程及应用知识。全书以工业机器人的智能化为切入点，配合丰富的应用案例，系统地介绍了C#语言、Winform编程、ABB机器人PC SDK软件包架构、机器人控制器管理、机器人I/O管理、机器人程序管理、机器人文件管理和机器人视觉系统应用等内容。

本书配有丰富的教学资源，凡使用本书作为教材的教师可咨询相关机器人实训装备，通过邮箱zhangmwen@126.com获取相关数字教学资源。

由于编者水平有限，书中难免存在不足之处，敬请读者批评指正。

编　者

目 录

CONTENTS

第1章 智能工业机器人概述

本章要点
- 工业机器人基本概念。
- 工业机器人发展史。
- 工业机器人领域就业方向。
- 工业机器人智能技术。

2013年以来，中国已经连续多年成为全球工业机器人的最大消费市场。随着需求变化和技术提高，目前，工业机器人对于机器视觉、自主路径规划等智能化功能需求日益增长。工业机器人技术正在向智能化、模块化和系统化的方向发展，智能工业机器人具有广阔的应用前景。

 1.1 工业机器人基本概况

1.1.1 工业机器人定义与特点

扫码看视频

工业机器人虽然是技术上最成熟、应用最广泛的机器人，但对其具体的定义，科学界尚未统一，目前公认的是国际标准化组织（ISO）的定义。

国际标准化组织（ISO）的定义为：工业机器人是一种能自动控制、可重复编程、多功能、多自由度的操作机，能够搬运材料、工件或者操持工具来完成各种作业。

而我国国家标准将工业机器人定义为："自动控制的、可重复编程、多用途的操作机，可对三个或三个以上的轴进行编程。它可以是固定式或移动式。在工业自动化中使用。"

工业机器人最显著的特点有：

➤ 拟人化：在机械结构上类似于人的手臂或者其他组织结构。

➤ 通用性：可执行不同的作业任务，其动作程序可按需求改变。

➤ 独立性：完整的机器人系统在工作中可以不依赖于人的干预。

➤ 智能性：具有不同程度的智能功能。例如，感知系统等提高了工业机器人对周围环境的自适应能力。

1.1.2 工业机器人发展历程

1954年，美国人 George Devol 研制出世界上第一台可编程的机器人，最早提出工业机器人的概念，并申请了专利。

1959年，Devol 与美国发明家 Joseph Engelberger 联手制造出世界上第一台工业机器人——Unimate，如图 1-1 所示。随后，他们成立了世界上第一家机器人制造公司——Unimation。

1962 年，美国 AMF 公司生产出 Versatran 工业机器人，这是第一台真正商业化的机器人，如图 1-2 所示。

 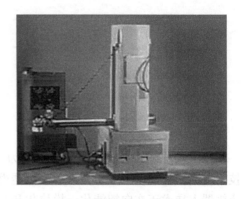

图 1-1　Unimate 机器人　　　　　　　　　图 1-2　Versatran 机器人

1967 年，Unimation 公司推出 MarkII 机器人，将第一台喷涂机器人出口到日本。同年，日本 Kawasaki 公司从美国引进机器人及技术，建立生产厂房，并于 1968 年试制出第一台日本产 Unimate 机器人。

1972 年，IBM 公司开发出内部使用的直角坐标机器人，并最终开发出 IBM 7656 型商业直角坐标机器人，如图 1-3 所示。

1974 年，瑞士的 ABB 公司研发出世界上第一台全电控式工业机器人 IRB6，主要用于工件的取放和物料搬运。

1978 年，Unimation 公司推出通用工业机器人 PUMA，如图 1-4 所示。这标志着串联工业机器人技术已经完全成熟。同年，日本山梨大学的牧野洋研制出平面关节型的 SCARA 机器人，如图 1-5 所示。

图 1-3　IBM 7656 型直角坐标机器人　　　　　图 1-4　PUMA-560 机器人

1979 年，Mccallino 等人首次设计出了基于小型计算机控制，在精密装配过程中完成校准任务的并联机器人，从而真正拉开了并联机器人研究的序幕。

1985 年，法国 Clavel 教授设计出 DELTA 并联机器人。

1999 年，ABB 公司推出了 4 自由度的 FlexPicker 并联机器人，如图 1-6 所示。

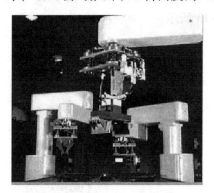

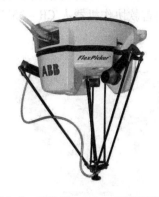

图 1-5 全球第一台 SCARA 机器人　　　　图 1-6 ABB FlexPicker 并联机器人

2005 年，日本 YASKAWA 公司推出了能够从事搬运和装配作业的产业机器人 MOTO-MAN – DA20 和 MOTOMAN – IA20。DA20 是一款配备两个 6 轴驱动臂型机器人的双臂机器人，如图 1-7 所示。IA20 是一款 7 轴工业机器人，也是全球首次实现了 7 轴驱动的产业机器人，更加接近人类动作，如图 1-8 所示。

图 1-7 MOTOMAN – DA20 机器人　　　　图 1-8 MOTOMAN – IA20 机器人

2008 年，Universal Robots 推出世界上第一款协作机器人 UR5，如图 1-9 所示。

2014 年，KUKA 首次发布了世界上第一台 7 轴灵敏型机器人 LBR iiwa，如图 1-10 所示。同年，ABB 推出了其首款双 7 轴臂协作机器人 YuMi，如图 1-11 所示。

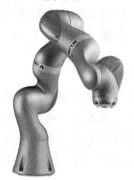

图 1-9 UR5 机器人　　　　图 1-10 KUKA LBR iiwa 机器人

2015 年，Kawasaki 公司推出双腕 SCARA 协作机器人 duAro，如图 1-12 所示。同年，FANUC 推出首款协作机器人 CR – 35iA，如图 1-13 所示。

图 1-11　ABB YuMi 机器人　　　　　图 1-12　Kawasaki duAro 机器人

2017 年，EPSON 推出了易用性更强、性价比更高的 T3 紧凑型 SCARA 机器人，即 EPSON首款免控制器的 SCARA 一体机，从外结构设计理念上进行了完全的更新换代，如图 1-14所示。

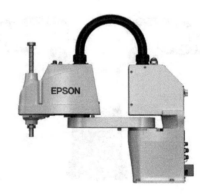

图 1-13　FANUC CR – 35iA 机器人　　　　图 1-14　EPSON T3 型 SCARA 机器人

2017 年，哈工大机器人集团（HRG）推出了轻型协作机器人 T5。该机器人可以进行人机协作，具有运行安全、节省空间、操作灵活的特点，如图 1-15 所示。其面向 3C、机械加工、食品药品、汽车汽配等行业的中小制造企业，适配多品种、小批量的柔性化生产线，能够完成搬运、分拣、涂胶、包装、质检等工序。

1.1.3　工业机器人厂商

工业机器人厂商主要分为国外厂商和国内厂商。在工业机器人发展过程中，形成了一些较有影响力的、著名的国际工业机器人公司，主要可分为欧系和日系两类，具体来说，可分成"四大家族""四小家族"和"其他"三个阵营，见表1-1。

图 1-15　HRG T5 协作
机器人

表1-1 国外工业机器人厂商

阵营	企业	国家	标识	阵营	企业	国家	标识
四大家族	ABB	瑞士	ABB	其他	三菱	日本	MITSUBISHI ELECTRIC
	库卡	德国	KUKA		爱普生	日本	EPSON®
	安川	日本	YASKAWA		雅马哈	日本	YAMAHA
	发那科	日本	FANUC		现代	韩国	HYUNDAI
四小家族	松下	日本	Panasonic		克鲁斯	德国	CLOOS
	欧地希	日本	OTC		柯马	意大利	COMAU
	那智不二越	日本	NACHi		史陶比尔	瑞士	STÄUBLI
	川崎	日本	Kawasaki		优傲	丹麦	UNIVERSAL ROBOTS

我国的工业机器人厂商，有沈阳新松机器人自动化股份有限公司、安徽埃夫特智能装备股份有限公司、南京埃斯顿自动化股份有限公司、广州数控设备有限公司、哈工大机器人集团、台达集团、珞石（北京）科技有限公司、深圳市汇川技术股份有限公司等，见表1-2。

表1-2 国内工业机器人厂商

企业	标识	企业	标识
沈阳新松	SIASUN	哈工大机器人集团	HRG
安徽埃夫特	EFORT	台达集团	DELTA
南京埃斯顿	ESTUN	北京珞石	ROKAE
广州数控	GSK 广州数控	汇川技术	INOVANCE

1.2 工业机器人行业概况

扫码看视频

1.2.1 工业机器人行业分析

当前，新科技革命和产业变革正在兴起，全球制造业正处在巨大的变革之中，《中国制造2025》《机器人产业发展规划（2016—2020年）》《智能制造发展规划（2016—2020年）》

等强国战略规划，引导着国内制造业向着智能制造的方向发展。《中国制造2025》提出了大力推进重点领域突破发展，而机器人作为十大重点领域之一，其产业已经上升到国家战略层面。工业机器人作为智能制造领域最具代表性的产品，"快速成长"和"进口替代"是现阶段我国工业机器人产业最重要的两个特征。我国正处于制造业升级的重要时间窗口，智能化改造需求空间巨大且增长迅速，工业机器人迎来重要发展机遇。

根据国际机器人联合会（IFR）和中国机器人产业联盟（CRIA）统计，2018年中国工业机器人市场累计销售工业机器人15.66万台，同比下降1.73%，市场销量首次出现同比下降。其中，自主品牌机器人销售4.36万台，同比增长16.2%；外资机器人销售11.3万台，同比下降7.2%。截至2018年10月底，全国机器人企业的总数为8399家。

中国机器人密度的发展在全球也最具活力。由于机器人设备的大幅增加，特别是2013—2018年间，我国机器人密度从2013年的25台/万人增加到2018年的140台/万人，高于世界平均水平，如图1-16所示。

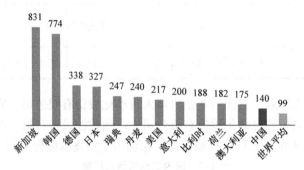

图1-16　2018年全球机器人密度（单位：台/万人）

（数据来源：国际机器人联合会）

据CRIA统计，从应用行业看，电气电子设备和器材制造连续三年成为中国市场的首要应用行业，2018年销售4.6万台，同比下降6.6%，占中国市场总销量的29.8%；汽车制造业仍然是十分重要的应用行业，2018年新增4万余台机器人，销量同比下降8.1%，在中国市场总销量的占比回落至25.5%。此外，金属加工业（含机械设备制造业）机器人购置量同比下降23.4%，而应用于食品制造业的机器人销量增长33.1%。

从应用领域看，搬运和上下料依然是中国市场机器人的首要应用领域，2018年销售6.4万台，同比增长1.55%，在总销量中的占比与2017年持平，其中自主品牌销量增长5.7%。焊接与钎焊机器人销售接近4万台，同比增长12.5%，其中自主品牌销量实现20%的增长。装配及拆卸机器人销售2.3万台，同比下降17.2%。总体而言，搬运与焊接依然是工业机器人的主要应用领域，自主品牌机器人在搬运、焊接加工、装配、涂装等应用领域的市场占有率均有所提升。

从机械结构看，2018年多关节机器人在中国市场中的销量位居各类型机械人首位，全年销售9.72万台，同比增长6.53%。其中，自主品牌多关节机器人销售保持稳定的增长态势，连续两年位居各机型之首，全年累计销售1.88万台，同比增长18.1%；自主品牌多关节机器人市场占有率为19.4%，较上年提高了1.9%。SCARA机器人实现了52%的较高增速，销售3.3万台，其中自主品牌机器人销售增长63.9%。坐标机器人销售总量不足2万台，同比下降17%，其中自主品牌坐标机器人销售同比增长4.7%。并联机器人在上年低基数的基础上实现增长。

国内机器人产业所表现出来的爆发性发展态势带来对工业机器人行业人才的大量需求，而行业人才严重供需失衡又大大制约着国内机器人产业的发展，因此培养工业机器人行业人才迫在眉睫。工业机器人行业的多品牌竞争局面，迫使学习者需要根据行业特点和市场需求，合理地选择学习和使用某品牌的工业机器人，从而提高自身职业技能和个人竞争力。

1.2.2 工业机器人行业应用

工业机器人可以替代人从事危险、有害、有毒、低温和高热等恶劣环境中的工作，还可以替代人完成繁重、单调的重复劳动，提高劳动生产率，保证产品质量。工业机器人主要用于汽车、3C产品、医疗、食品、通用机械制造、金属加工、船舶等领域，用以完成搬运、焊接、喷涂、装配、码垛和打磨等复杂作业。工业机器人与数控加工中心、自动引导车以及自动检测系统可组成柔性制造系统（FMS）和计算机集成制造系统（CIMS），实现生产自动化。

1. 搬运

搬运作业是指用一种设备握持工件，从一个加工位置移动到另一个加工位置。

搬运机器人可安装不同的末端执行器（如机械手爪、真空吸盘等），以完成各种不同形状和状态的工件搬运，大大减轻人类繁重的体力劳动。通过编程控制，还可以配合各个工序的不同设备实现流水线作业。

搬运机器人广泛应用于机床上下料、自动装配流水线、码垛搬运、集装箱等自动搬运，如图1-17所示。

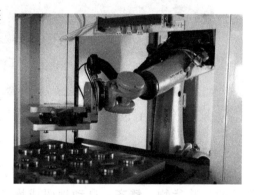

2. 焊接

焊接机器人是指从事焊接作业的工业机器人，它能够按作业要求（如轨迹、速度等）将焊接工具送到指定空间位置，并完成相应的焊接过程。大部分焊接机器人是由通用的工业机器人配置上某种焊接工具而构成的，只有少数是为某种焊接方式专门设计的。

图1-17 搬运机器人

目前，工业应用领域最大的是机器人焊接，如工程机械、汽车制造、电力建设等。焊接机器人能在恶劣的环境下连续工作并能提供稳定的焊接质量，提高工作效率，减轻工人的劳动强度。采用机器人焊接是焊接自动化的革命性进步，突破了焊接专机的传统方式，如图1-18所示。

3. 喷涂

喷涂机器人是可进行自动喷涂的工业机器人，适用于生产量大、产品型号多、表面形状不规则的工件外表面涂装，广泛应用于汽车、汽车零配件、铁路、家电、建材和机械等行业，如图1-19所示。

4. 装配

装配是一个比较复杂的作业过程，不仅要检测装配过程中的误差，而且要试图纠正这种

8

图 1-18 焊接机器人

误差。装配机器人是柔性自动化系统的核心设备，末端执行器种类多，以适应不同的装配对象；传感系统用于获取装配机器人与环境和装配对象之间相互作用的信息。装配机器人主要应用于各种电器的制造业及流水线产品的组装作业，具有高效、精确、持续工作的特点，如图 1-20 所示。

图 1-19 喷涂机器人

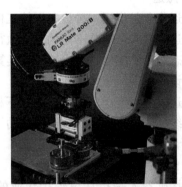

图 1-20 装配机器人

5. 码垛

码垛机器人是指能够把相同（或不同）外形尺寸的包装货物，整齐、自动地码成堆的机器人，也可以将堆叠好的货物拆开。它可满足中低产量的生产需要，也可按照要求的编组方式和层数，完成对料袋、箱体等各种产品的码垛，如图 1-21 所示。

使用码垛机器人能提高企业的生产效率和产量，减少人工搬运，还可以全天候作业，节约大量的人力资源成本。码垛机器人广泛应用于化工、饮料、食品、啤酒和塑料等生产企业。

图 1-21 码垛机器人

6. 涂胶

涂胶机器人一般由机器人本体和专用涂胶设备组成，如图 1-22 所示。

涂胶机器人既能独立进行半自动涂胶，又能配合专用生产线实现全自动涂胶。它具有设备柔性高、做工精细、质量好、适用能力强等特点，可以完成复杂的三维立体空间的涂胶工作。工作台可安装激光传感器进行精密定位，以提高产品生产质量，同时使用光栅传感器以确保工人生产安全。

图 1-22 涂胶机器人

7. 打磨

打磨机器人是指可进行自动打磨的工业机器人，主要用于工件的表面打磨、棱角去毛刺、焊缝打磨、内腔内孔去毛刺、孔口螺纹口加工等工作，如图 1-23 所示。

打磨机器人广泛应用于 3C、卫浴五金、IT、汽车零部件、工业零件、医疗器械、木材建材家具制造和民用产品等行业。

a) 机器人持工件

b) 机器人持工具

图 1-23 打磨机器人

1.2.3 工业机器人领域职业概述

《机器人产业发展规划（2016—2020 年）》为"十三五"期间我国机器人产业发展描绘了清晰的蓝图。到 2020 年，我国自主品牌工业机器人年产量达到 10 万台，六轴及以上工业机器人年产量达到 5 万台；服务机器人年销售收入超过 300 亿元；培育 3 家以上具有国际竞争力的龙头企业，打造 5 个以上机器人配套产业集群；工业机器人平均无故障时间达到 8 万小时。

机器人的需求正盛，机器人相关的人才却稀缺。与整个市场需求相比，人才培养处于严重滞后的状态。此前的社会就业结构也导致机器人相关专业出现空白，几乎很难在高校发现相关专业。

工业机器人生产线的日常维护、修理、调试操作等方面都需要各方面的专业人才来处理。目前，中小型企业最缺的就是先进机器人操作、运维等技术人员。

目前，在实际行业应用中，工业机器人领域的职业岗位有4种：工业机器人系统操作员、工业机器人系统运维员、工业机器人操作调整工和工业机器人装调维修工。

➢ 2017年3月，机械工业职业技能鉴定指导中心组织国内工业机器人制造企业、应用企业和职业院校历经两年编写了两个职业技能标准——《工业机器人装调维修工》和《工业机器人操作调整工》，并授权机械行业工业机器人实训基地在智能制造领域开展这两个工种的职业技能培训和能力水平评价工作。

➢ 2019年1月，人力资源和社会保障部组织专家严格按照新职业评审标准，初步确定工业机器人的两个拟发布新职业：工业机器人系统操作员和工业机器人系统运维员。

1. 工业机器人系统操作员

工业机器人系统操作员是指使用示教器、操作面板等人机交互设备及相关机械工具对工业机器人、工业机器人工作站或系统进行装配、编程、调试、工艺参数更改、工装夹具更换及其他辅助作业的人员。

其职业技能包括：

1）按照工艺指导文件等相关文件的要求完成作业准备。

2）按照装配图、电气图、工艺文件等相关文件的要求，使用工具、仪器等进行工业机器人工作站或系统装配。

3）使用示教器、计算机、组态软件等相关软硬件工具对工业机器人、可编程序控制器、人机交互界面、电机等设备和视觉、位置等传感器进行程序编制、单元功能调试和生产联调。

4）使用示教器、操作面板等人机交互设备进行生产过程的参数设定与修改、菜单功能的选择与配置、程序的选择与切换。

5）进行工业机器人系统工装夹具等装置的检查、确认、更换与复位。

6）观察工业机器人工作站或系统的状态变化并做相应操作，遇到异常情况时执行急停操作等。

7）填写设备装调、操作等记录。

2. 工业机器人系统运维员

工业机器人系统运维员是指使用工具、量具、检测仪器及设备，对工业机器人、工业机器人工作站或系统进行数据采集、状态监测、故障分析与诊断、维修及预防性维护与保养作业的人员。

其职业技能包括：

1）对工业机器人本体、末端执行器、周边装置等机械系统进行常规性检查、诊断。

2）对工业机器人电控系统、驱动系统、电源及线路等电气系统进行常规性检查、诊断。

3）根据维护保养手册，对工业机器人、工业机器人工作站或系统进行零位校准、防尘、更换电池、更换润滑油等维护保养。

4）使用测量设备采集工业机器人、工业机器人工作站或系统运行参数、工作状态等数据，进行监测。

5）对工业机器人工作站或系统的故障进行分析、诊断与维修。

6）编制工业机器人系统运行维护、维修报告。

3. 工业机器人操作调整工

工业机器人操作调整工是指从事工业机器人系统及工业机器人生产线的现场安装、编程、操作与控制、调试与维护的人员。

其职业技能包括：

1）调整工具的使用，能够识读工装夹具的装配图。

2）机器人示教调试、离线编程应用。

3）关节机器人操作与调整，及其周边自动化设备的应用。

4）实现机器人工作站喷涂、打磨、码垛、焊接等工艺调整与应用。

5）AGV 导航应用、控制、操作与调整。

6）机器视觉与机器人通信，及其标定、编程与调试应用。

7）机器人系统应用方案制定与集成，生产线运行质量保证和生产优化。

8）理论与技能培训，以及现场物料、设备、人员、技术管理和指定保养方案。

9）机器人系统日常保养和周边设备保养。

4. 工业机器人装调维修工

工业机器人装调维修工是指从事工业机器人系统及工业机器人生产线的装配、调试、维修、标定、校准等工作的人员。

其职业技能包括：

1）根据机械装配图，完成机械零部件、机器人或工作站系统部件等机械装置的检验与装配。

2）根据机器人电气装配图，完成机器人或工作站电气组成部件的检验与装配。

3）完成机器人整机调试，包括安装质量检查、性能调试等。

4）能够完成系统校准，进行校准补偿、参数与位置修正、环境识别、异常判断与分析、故障处理等。

5）能够完成系统标定，进行坐标系对准、测量采样、性能评价、机器人位姿与轨迹规划、采样数据统计与分析、异常应对等。

6）进行机器人机械与电气功能部件、控制系统、外围设置等维修，完成系统常见故障处理与日常保养，以及机器人技术改进与智能机器人维修等。

7）按照要求完成机器人培训，能够撰写培训方案、讲义等。

8）实现机器人项目管理，进行质量控制和机器人集成应用系统改进，并进行技术总结。

以上 4 种工业机器人职业岗位是企业急需的岗位，按照职业规划，均有中级、高级、技师和高级技师 4 个职业技能等级。

1.2.4　工业机器人发展趋势

目前，在工业机器人实际应用过程中，呈现的新趋势主要表现在两个方面：智能协作机器人和双臂机器人。

1. 智能协作机器人

未来的智能工厂世界应该是人与机器和谐共处所缔造的，这要求机器人能够与人一同协作，与人类共同完成不同的任务。这既包括完成传统的"人干不了的、人不想干的、人干不好的"任务，又包括能够减轻人类劳动强度、提高人类生存质量的复杂任务。基于此，智能协作可被看作新型工业机器人的必有属性。

智能协作给未来工厂中的工业生产和制造带来了根本性的变革，具有决定性的重要优势：

➢ 生产过程中的灵活性最大。

➢ 承接以前无法实现自动化且不符合人体工学的手动工序，减轻工人负担。

➢ 降低受伤和感染危险，例如，使用专用的人机协作型夹持器。

➢ 高质量完成可重复的流程，而无须根据类型或工件进行设备投资。

➢ 采用内置的传感系统，提高生产率和设备复杂程度。

基于智能协作的优点，顺应市场需求，更加灵活的协作型机器人成为一种承担组装和提取工作的可行性方案。它可以把人和机器人各自的优势发挥到极致，让机器人更好地和工人配合，从而适应更广泛的工作挑战，如图1-24所示。

图1-24 智能协作机器人在塑料行业的应用

智能协作机器人的主要特点有：

➢ 轻量化：使机器人更易于控制，提高安全性。

➢ 友好性：保证机器人的表面和关节是光滑且平整的，无尖锐的转角或者易夹伤操作人员的缝隙。

➢ 感知能力：感知周围的环境，并根据环境的变化改变自身的动作行为。

➢ 人机协作：具有敏感的力反馈特性，当达到已设定的力时会立即停止，在风险评估后可不需要安装保护栏，使人和机器人能协同工作。

➢ 编程方便：对于一些普通操作者和非技术背景的人员来说，都非常容易进行编程与调试。

智能协作机器人与传统工业机器人的特点对比见表1-3。

表1-3 智能协作机器人与传统工业机器人的特点对比

智能协作机器人	传统工业机器人
可手动调整位置或可移动	固定安装
频繁地进行任务转换	执行周期性、重复性任务
通过离线方式在线指导	由操作者在线或离线编程
始终与操作者交互	只在编程时与操作者交互
与人类共处	工人与机器人由安全围栏隔离

2. 双臂机器人

当前工业机器人的应用基本上是为单臂机器人独自工作的能力准备的，这样的机器人只适应于特定的产品和工作环境，并且依赖于所提供的末端执行器。通常单臂机器人只适合刚性工件的操作，并受制于环境。随着现代工业的发展和科学技术的进步，对于许多任务而言，单臂操作是不够的。因此，为了适应任务复杂性和系统柔顺性等要求，双臂工业机器人成为一种可行性方案，如图 1-25 所示。

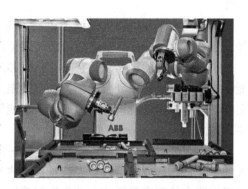

图 1-25 双臂机器人

在某种程度上，双臂机器人可以看作是两个单臂机器人在一起工作。当把其他机器人的影响看作一个未知源的干扰时，其中的一个机器人就独立于另一个机器人。但双臂机器人作为一个完整的机器人系统，双臂之间存在着依赖关系。它们分享使用传感数据，双臂之间通过一个共同的连接形成物理耦合，最重要的是两臂的控制器之间的通信，使得一个臂对于另一个臂的反应能够做出对应的动作、轨迹规划和决策，也就是双臂之间具有协调关系。

双臂机器人的作用特点主要表现在以下 4 个方面：

➤ 在末端执行器与臂之间无相对运动的情况下工作，如双臂搬运钢棒等类似的刚性物体，比两个单臂机器人相应动作的控制要简单得多。

➤ 在末端执行器与臂之间有相对运动的情况下，通过两臂之间的较好配合能对柔性物体（如薄板等）进行控制操作，而两个单臂机器人要做到这一点是比较困难的。

➤ 工作时，双臂能够避免两个单臂机器人在一起工作时产生的碰撞情况。

➤ 双臂能够通过各自的独立工作，来完成对多个目标的操作与控制，如将螺母放到螺钉上的配合操作。

1.3 工业机器人智能化

扫码看视频

智能工业机器人具有一定的自主能力，而自主工业机器人有别于非自主性质的机器人。例如，人类以有线或无线方式控制机器人运动轨迹，机器人自动执行规划好的计算机程序是非自主性质；而自主则是可以在未知环境处理非预知的工作，可随时、随机地弹性调整工作内容。自主机器人的行为内容包括避障、目标搜寻、轨迹规划等。智能工业机器人功能的灵活性和智能性很大程度上依赖于其系统开发平台。

1.3.1 智能机器人概念

工业机器人按照发展程度可以分为三代。

第一代为示教再现机器人。它主要指只能以示教再现方式工作的工业机器人，示教内容为机器人的空间轨迹、作业条件、作业顺序等。目前在工业现场应用的机器人大多属于第一代。

第二代为感知机器人。该类机器人带有一些可感知环境的装置，如视觉、力觉、触觉等，它具有对某些外界信息进行反馈调整的能力，目前已经进入应用阶段。

第三代为智能机器人。它具有感知和理解外部环境的能力，在工作环境改变的情况下也能够成功地完成各种复杂任务，具有很强的自适应能力、学习能力和自治功能，目前尚处于实验研究阶段。随着机器学习、人工智能等技术的发展，智能机器人是机器人未来发展的重要方向。

目前，在世界范围内还没有一个统一的对智能机器人的定义。我国科研人员对智能机器人的定义是：智能机器人是一种具备一些与人类有着相似的感知能力、动作能力、协同能力和规划能力的高度灵活的自动化机器系统。就是说，智能机器人是一种依靠自身感知能力、分析判断能力及自主学习能力，能够实现各种复杂操作的机器系统。

智能机器人至少要具备以下 3 个要素：

（1）感觉要素　感觉要素包括能够感知视觉和距离等的非接触型传感器和能感知力、压觉、触觉等的接触型传感器，用来认知周围的环境状态。

（2）运动要素　机器人需要对外界做出反应性动作。智能机器人通常需要有一些无轨道的移动机构，以适应平地、台阶、墙壁、楼梯和坡道等不同的地理环境，并且在运动过程中要对移动机构进行实时控制。

（3）思考要素　根据感觉要素所得到的信息，思考采用什么样的动作，包括判断、逻辑分析、理解和决策等。

其中，思考要素是智能机器人的关键要素，也是人们要赋予智能机器人必备的要素。

1.3.2 智能工业机器人典型技术

1. 机器视觉

视觉能够赋予机器人"看"的能力，视觉感知和控制理论往往通过与视觉处理紧密结合来实现高效的机器人控制或各种实时操作，最终用于工业智能制造中的实际检测、识别、分类、分拣等自动化工作。目前，有些企业正加速布局机器视觉硬件产品和软件服务，以智能制造需求为导向，重点研发工业视觉解决方案，并逐渐应用于电子产品、汽车制造、机械加工、包装与印刷、食品等行业，助力制造业转型升级。

机器视觉在 3C 电子行业已经实现了相比于人工更高的速度和精度，可用于 3C 制造领域的分拣、零件插入、拧螺钉、焊接、元器件组装、贴片、检测、零部件配送、包装等多种任务。

机器视觉系统与工业机器人结合，能够赋予机器人更强的智能性，极大地拓展了工业机器人的应用广度与深度，也使得自动化生产更加灵活柔性，在保证产品质量的同时，更加稳定、更加高效，并且已经成为我国制造业转型升级的关键推手。

2. 智能工艺专家系统

智能工艺专家系统可自动获取信息生成作业程序，全过程非示教，满足喷涂、抛光、打磨等复杂的作业要求，使工业机器人可随工作环境变化的需要而再编程，同时降低了软件编程和机器人操作的门槛，让更多的非专业工作人员进入到智能化生产线当中，从而在小批量、多品种、具有均衡高效率的柔性制造过程中能发挥更好的作用。

3. 人工智能技术

人工智能是利用计算机科学技术研究、开发用于模拟、延伸和扩展人的智能的理论、方法、技术及应用系统的新的技术科学。其目的是让计算机的工作效果发挥到极致。

人工智能可以分为弱人工智能与强人工智能。其中，弱人工智能如今在不断地迅猛发展，很多国家希望借机器人等实现再工业化。工业机器人以比以往任何时候更快的速度发展，带动了弱人工智能和相关领域产业的不断突破，很多必须用人来做的工作如今已经能用机器人实现。而强人工智能则暂时处于瓶颈，还需要科学家们继续努力。

4. 机器人底层数据交互

由于历史发展的原因，几乎每一家领先的机器人公司均有各自的编程语言和环境，导致不同的厂商之间具有不同的底层数据接口。常见的有 C++ 函数库、C#函数库、特定的通信协议格式等，通过此类方式与工业机器人进行底层数据交互，能够获取工业机器人的更多状态及运行信息，进一步扩展其应用功能。

思 考 题

1. 工业机器人最显著的特点有哪些？
2. 工业机器人的四大家族有哪些？
3. 目前工业机器人最大的应用领域是什么？
4. 工业机器人领域的职业岗位有哪些？
5. 什么是协作机器人？

第 2 章　C#语言基础

本章要点

- C#语言介绍。
- . Net Framework 框架介绍。
- Visual Studio 2015 的下载与安装。
- C#变量和程序语句。
- C#类与对象。
- 委托与事件的使用。

本章将介绍 C#语言、变量、程序语句、类与对象以及事件与委托等知识。通过对本章的学习，用户可以通过变量以及程序语句编写简单的代码。

2.1　C#语言简介

扫码看视频

　　C#语言（C Sharp）是微软公司发布的一种全新且简单、安全、面向对象的程序设计语言，是专门为 . NET 的应用而开发的编程语言。它使程序员可以快速地编写各种基于 Microsoft . NET 平台的应用程序。Microsoft . NET 提供了一系列的工具和服务来最大限度地开发利用计算与通信领域。

　　C#使得 C/C + +程序员可以高效地开发程序，而不损失 C/C + +原有的强大的功能。因为这种继承关系，C#与 C/C + +具有极大的相似性，熟悉类似语言的开发者可以很快地转向 C#语言。

2.1.1　C#与 . NET

　　C#是一门程序设计语言，用于创建运行于 . NET 公共语言运行时 CLR（Common Language Runtime）上的应用程序。

　　. NET 是一个包含库、公共语言运行时 CLR 和编译器的应用程序开发平台。. NET 库包括定义了基本类型的通用类型系统 CTS（Common Type System）和 . NET 公共语言运行时 CLR。CLR 提供了内存管理、异常管理、垃圾处理等服务，负责管理用 . NET 库开发的所有运行程序。在 CLR 控制下运行的代码称为托管代码，托管代码在运行前需要通过编译器编译，编译器首先将源代码编译为 Microsoft 中间语言 IL，然后由 CLR 把 IL 编译为平台专用代码运行。不在 CLR 控制下运行的代码称为非托管代码，非托管代码由编译器直接编译为平台代码运行，如图 2-1 所示。

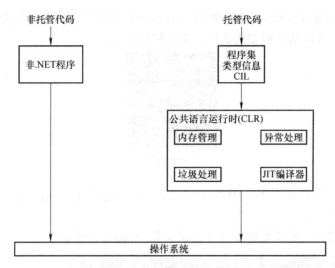

图 2-1 C#与 . NET 的关系

2.1.2 Visual Studio 2015 的下载与安装

Visual Studio 是最常用的编程工具之一，可用于构建功能强大、性能出众的应用程序。Visual Studio 按照功能分为社区版、专业版和企业版，各版本的安装要求见表2-1。

表 2-1 Visual Studio 2015 各版本安装要求

版 本	硬件要求	支持的操作系统
Visual Studio Community 2015 （社区版）	1.6GHz 或更快的处理器 1GB 的 RAM （如果在虚拟机上运行则需1.5GB） 4GB 可用硬盘空间 5400r/min 硬盘驱动器 支持 DirectX 9 的视频卡 （1024×768 或更高分辨率）	Windows 10 Windows 8.1 Windows 8 Windows 7 SP1 Windows Server 2012 R2 Windows Server 2012 Windows Server 2008 R2 SP1
Visual Studio Enterprise 2015 （专业版）	1.6GHz 或更快的处理器 1GB 的 RAM （如果在虚拟机上运行则需1.5GB） 10GB 可用硬盘空间 5400r/min 硬盘驱动器 支持 DirectX 9 的视频卡 （1024×768 或更高分辨率）	Windows 10 Windows 8.1 Windows 8 Windows 7 SP1 Windows Server 2012 R2 Windows Server 2012 Windows Server 2008 R2 SP1
Visual Studio Professional 2015 （企业版）	1.6GHz 或更快的处理器 1GB 的 RAM （如果在虚拟机上运行则需1.5GB） 10GB 可用硬盘空间 5400r/min 硬盘驱动器 支持 DirectX 9 的视频卡 （1024×768 或更高分辨率）	Windows 10 Windows 8.1 Windows 8 Windows 7 SP1 Windows Server 2012 R2 Windows Server 2012 Windows Server 2008 R2 SP1

本书采用 Visual Studio Community 2015（社区版）开发应用程序，其安装步骤如下：

1）通过微软官方网站下载安装文件，文件链接如下：

下载链接

2）下载完成后右击 iso 文件，从弹出的快捷菜单中选择【装载】，然后单击 vs – community. exe 文件进行安装。

3）选择安装路径，安装类型设为【自定义】，如图 2-2 所示。

图 2-2 Visual Studio 2015 的安装

4）安装完成后单击启动图标，第一次启动可以选择外观、属性等选项（Visual Studio 2015 的启动图标位于安装路径 \ Common7 \ IDE \ devenv. exe）。

注意：若安装过程中提示有些包缺失，请选择网上下载，不要跳过，否则会导致软件安装完后因缺少某些包而不完整。

2.1.3　HelloWorld 程序

启动 Visual Studio 2015 编写 HelloWorld 程序。

1）打开 Visual Studio 2015。单击【文件】／【新建项目】，弹出【新建项目】对话框，选择【Visual C#】／【控制台应用程序】，修改项目名称为"HelloWorld"，单击【浏览】按钮选择保存位置，如图 2-3 所示。

图 2-3　新建控制台应用程序

2）生成的程序界面如图 2-4 所示。

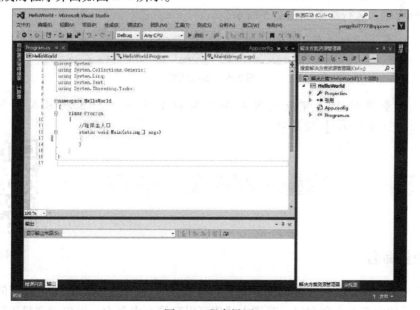

图 2-4　程序界面

界面中常用的窗口见表2-2。

表2-2　Visual Studio 常用窗口

窗　口	描　述
解决方案资源管理器	用于显示项目内容和设置，可包含多个项目
类视图	用于显示代码实体，如图标、命名空间、类、函数和变量等
错误列表	用于显示特定错误消息的相关信息
输出	用于显示各种功能的状态消息

3）输出"Hello World!"。将"Hello World!"输出到控制台，代码如下：

```
namespace HelloWorld
{
    class Program
    {
        //程序主入口
        static void Main(string[] args)
        {
            //输出到控制台
            Console.WriteLine("Hello World!");
            Console.ReadKey();
        }
    }
}
```

其中，namespace 表示命名空间；class 表示类；Main 作为程序入口；Console 表示控制台；WriteLine 表示输出内容到控制台；ReadKey 表示等待键盘输入。

4）运行程序。运行结果如图2-5所示。

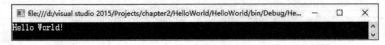

图2-5　运行结果

提示　该资源位于【智能机器人高级编程及应用（ABB机器人）资源包】/【chapter2】/【HelloWorld】项目中。

 变量

2.2.1　变量命名

扫码看视频

变量是一个供程序操作的存储区的名字。在 C#中，每个变量都有一个特定的类型，类型决定了变量的内存大小和布局。范围内的值可以存储在内存中，可以对变量进行一系列操作。在 C#语言中，变量必须先声明后使用，声明方法如下：

```
int a;
char c;
```

其中，int、char 代表声明的数据类型；a、c 代表变量名称。

变量命名规则如下：

➤ 变量必须以字母、下划线或@符号开头，不能以数字开头。

➤ 后面可以跟任意字母、数字和下划线。

➤ 变量名称不能与系统关键字重复。

变量声明后必须赋值才能使用，常用的声明与赋值方法有 3 种：

1）先声明后赋值。

```
int a, b;
a = 10;
b = 15;
```

2）声明的同时直接初始化。

```
int a = 10;
int b = 15;
```

3）一次性声明多个变量。

```
int a = 10,b = 15;
```

2.2.2 基本数据类型

C#中提供的基本数据类型见表 2-3。

表 2-3　基本数据类型

类　　型	举　　例	描　　　述
整数型	sbyte	有符号的 8 位整数，数值范围为 −128 ~ 127
	byte	无符号的 8 位整数，数值范围为 0 ~ 255
	short	有符号的 16 位整数，数值范围为 −32768 ~ 32767
	ushort	无符号的 16 位整数，数值范围为 0 ~ 65535
	int	有符号的 32 位整数，数值范围为 −2147483648 ~ 2147483647
	uint	无符号的 32 位整数，数值范围为 0 ~ 4294967295
	long	有符号的 64 位整数，数值范围为 −9223372036854775808 ~ 9223372036854775807
	ulong	无符号的 64 位整数，数值范围为 0 ~ 18446744073709551615
	char	无符号的 16 位整数，数值范围为 0 ~ 65535 char 类型的可能值对应于统一字符编码标准（Unicode）的字符集
浮点型	float	float 数据类型用于较小的浮点数，精度是 6 位有效数字，取值范围为 10^{-38} ~ 10^{38}
	double	double 数据类型比 float 数据类型大，精度是 15 位有效数字，取值范围为 10^{-308} ~ 10^{308}
decimal 类型	decimal	128 位十进制数，不遵守四舍五入规则，精度是 28 位有效数字，通常用于财务方面的计算，默认值为 0.0m
bool（布尔）类型	true、false	相当于 1 和 0，用于判断
空类型	null	可为空值的数据类型

2.2.3 复杂数据类型

除了基本的数据类型外，C#还提供了多种较复杂的数据类型，最常用的是数组、枚举和结构体3种。

1. 数组

数组是一个存储相同类型元素的固定大小的顺序集合。数组是用来存储数据的集合，通常认为数组是一个同一类型变量的集合。

C#中声明数组的语法如下：

```
Datatype[ ] arrayname;
```

其中，Datatype 用于指定被存储在数组中的元素的类型；[ ] 用于指定数组的大小，arrayname 用于指定数组的名称。

数组是一个引用类型，需要使用 new 关键字来创建数组的实例。数组在声明时不会在内存中初始化，可以通过以下3种方法进行初始化赋值。

1）声明后通过索引进行赋值。

```
double[ ] degree = new double[3];
degree[0] = 1.0;
degree[1] = 2.0;
degree[2] = 3.0;
```

2）声明时进行赋值。

```
double[ ] degree = {234.0, 432.0, 673.0};
```

3）声明与赋值组合使用。

```
double[ ] degree = new double[3] {234.0, 432.0, 673.0};
```

数组使用实例如下：

```
namespace ArrayExample
{
    class MyArray
    {
        static void Main(string[ ] args)
        {
            //k 是一个包含5个整数的数组
            int[ ] k = new int[5] {1, 2, 3, 4, 5};
            int j;

            //输出数组元素的值
            for (j = 0; j < 5; j++)
            {
                Console. WriteLine("Element[{0}] = {1}", j, k[j]);
            }
```

```
                Console. ReadKey( ) ;
            }
        }
    }
```

运行结果如图 2-6 所示。

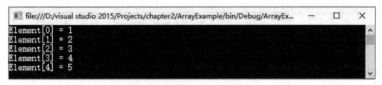

图2-6　数组运行结果

2. 枚举

枚举类型是使用 enum 关键字声明的，是一组命名整型的常量。列表中的每个符号代表一个整数值，默认情况下，第一个枚举符号的值是 0。

以下是枚举声明的语法：

```
enum  < typeName >
{
    < value1 > ,
    < value2 > ,
    …
    < valueN >
}
```

其中，< typeName > 表示枚举类型的名称；< value1 > ，< value2 > ，…，< valueN > 表示整数值。

枚举使用实例如下：

```
namespace EnumExample
{
    class MyEnum
    {
        enum Direction
        {
            east,
            west,
            south,
            north
        }
        //程序主入口
        static void Main( string[ ] args)
```

```
        {
            Direction direction;
            direction = Direction. west;
            Console. WriteLine("Direction = {0}", direction);
            Console. ReadKey();
        }
    }
}
```

运行结果如图2-7所示。

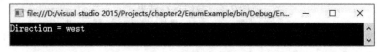

图2-7　枚举运行结果

提示　该资源位于【智能机器人高级编程及应用（ABB 机器人）资源包】/【chapter2】/【EnumExample】项目中。

3. 结构体

结构体是值类型的数据结构，其关键字是 struct。它可以使一个单一变量存储各种类型的相关数据。

以下是结构体声明的语法：

```
struct  <typeName>
{
    <member>
}
```

其中，<typeName>表示结构体类型的名称；<member>表示结构体的数据成员。其格式与前面变量的声明相同。

结构体使用实例如下：

```
namespace StructExample
{
    class MyStruct
    {
        struct Student
        {
            public string name;
            public int age;
            public int number;
        }

        static void Main(string[] args)
        {
```

```
        //结构体声明
        Student Stu1;
        //结构体赋值
        Stu1. name = "张三";
        Stu1. age = 18;
        Stu1. number = 6;


        //输出结构体信息
        Console. WriteLine("Stu1 name : {0}", Stu1. name);
        Console. WriteLine("Stu1 age : {0}", Stu1. age);
        Console. WriteLine("Stu1 number : {0}", Stu1. number);
        Console. ReadKey();
        }
    }
}
```

运行结果如图 2-8 所示。

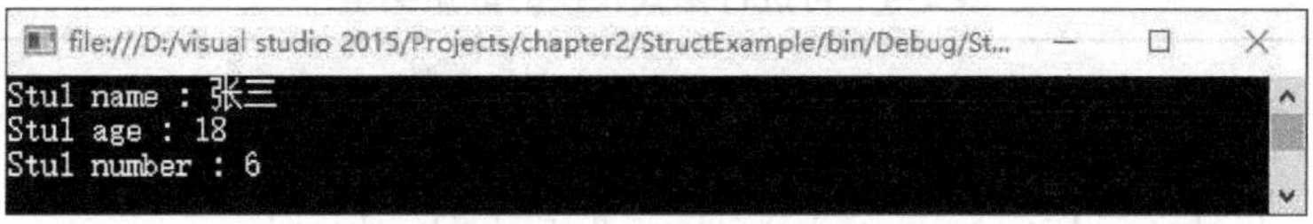

图 2-8　结构体运行结果

提示　该资源位于【智能机器人高级编程及应用（ABB 机器人）资源包】/【chapter2】/【StructExample】项目中。

2. 2. 4　变量的安全转型

类型转换是把数据从一种类型转换为另一种类型。类型转换主要分为隐式转换和显式转换。

其中，隐式转换规则非常简单，不需要声明就能进行转换，可以让编译器来执行。例如，ushort 型和 char 型的值是可以相互转换的，因为它们都可以存储 0 ~ 65535 之间的数字。代码如下所示：

```
namespace ConvertExample
{
    class Program
    {
        static void Main(string[] args)
        {
            char charVal = 'c';
            ushort shortVal;
```

```
        shortVal = charVal;

        Console. WriteLine( $ " charVal: { charVal }" );
        Console. WriteLine( $ " shortVal: { shortVal }" );
        Console. ReadKey( );
    }
  }
}
```

运行结果如图2-9所示。

图2-9　隐式转换运行结果

可进行隐式转换的数据类型见表2-4。

表2-4　可进行隐式转换的数据类型

类　型	目标类型
sbyte	short、int、long、float、double、decimal
byte	short、ushort、int、uint、long、ulong、float、double、decimal
short	int、long、float、double、decimal
ushort	int、uint、long、ulong、float、double、decimal
int	long、float、double、decimal
uint	long、ulong、float、double、decimal
ulong	float、double、decimal
long	float、double、decimal
char	ushort、int、uint、long、ulong、float、double、decimal
float	double

　　显式转换要在代码中明确声明要转换的类型，需要另外编写代码，代码的格式因转换方法而异。如下所示为不添加任何显示转换的代码，例如，将 short 型的值转换为 byte 型。

```
namespace ConvertExample
{
    class Program
    {
        static void Main( string[ ] args )
        {
            byte byteVal;
            short shortVal = 10;
            byteVal = shortVal;
```

```
                Console.WriteLine( $"byteVal:{ byteVal }");
                Console.WriteLine( $"shortVal:{ shortVal }");
                Console.ReadKey( );
            }
        }
}
```

如果编译这段代码，会产生以下错误：

无法将类型"short"隐式转换为"byte"。存在一个显式转换(是否缺少强制转换?)。

要成功编译这段代码，需要进行显式转换。把 short 型的变量强制转换为 byte 型，代码如下所示：

```
namespace ConvertExample
{
    class Program
    {
        static void Main(string[ ] args)
        {
            byte byteVal;
            short shortVal = 10;
            byteVal = (byte)shortVal;

            Console.WriteLine($"byteVal:{ byteVal }");
            Console.WriteLine($"shortVal:{ shortVal }");
            Console.ReadKey( );
        }
    }
}
```

以上代码实例中添加了（byte）代码，成功将 short 型的变量强制转换为 byte 型。

运行结果如图 2-10 所示。

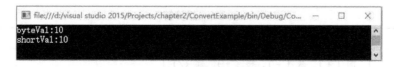

图 2-10　显式转换运行结果

提示　该资源位于【智能机器人高级编程及应用（ABB 机器人）资源包】/【chapter2】/【ConvertExample】项目中。

表 2-5 列出了可以进行显式转换的数据类型。

表2-5　可以进行显式转换的数据类型

类　　型	目标类型
sbyte	byte、ushort、uint、ulong、char
byte	sbyte、char
short	sbyte、byte、ushort、uint、ulong、char
ushort	sbyte、byte、short、char
int	sbyte、byte、short、ushort、uint、ulong、char
uint	sbyte、byte、short、ushort、int、char
ulong	sbyte、byte、short、ushort、int、uint、long、char
long	sbyte、byte、short、ushort、int、uint、ulong、char
char	sbyte、byte、short
float	sbyte、byte、short、ushort、int、uint、long、ulong、char、decimal
double	sbyte、byte、short、ushort、int、uint、long、ulong、char、decimal
decimal	sbyte、byte、short、ushort、int、uint、long、ulong、char、double

2.3　程序语句

扫码看视频

　　程序的操作是使用语句来表示的。C#语句主要有声明语句、表达式语句、判断语句、循环语句、跳转语句等。

2.3.1　基本表达式

　　表达式是运算符和操作数的字符串，可以由许多嵌套的子表达式构成，这就产生了求值顺序，即运算符的优先级。

　　操作数的结构有：数字或字符串、常量、变量、方法调用、元素访问量。常用运算符见表2-6。

表2-6　运算符

运算符	举　　例	描　　述
算数运算符	加（＋）、减（－）、乘（＊）、除（/）、求余（或称模运算,%）、自增（＋＋）、自减（－－）	用于数值计算
关系运算符	大于（＞）、小于（＜）、等于（＝＝）、大于或等于（＞＝）、小于或等于（＜＝）、不等于（！＝）	用于比较运算，是二元比较运算符，比较它们的操作数并返回 bool 型值

（续）

运算符	举例	描述
条件逻辑运算符	与（&&）、或（‖）、非（!）	用于逻辑运算，比较或否定它们的操作数的逻辑值，并返回结果逻辑值
		假设变量 A 为 true，变量 B 为 false，则：A&&B 为假，A‖B 为真，!（A&&B）为真
位运算符	位与（&）、位或（‖）、位非（~）、位异或（^）、左移（<<）、右移（>>）	参与运算的量按二进制位进行运算
赋值运算符	等于（==）、加等于（+=）、减等于（-=）、乘等于（*=）、除等于（/=）、取模等于（%=）	用于赋值运算

2.3.2 判断语句

条件判断语句用于根据某个条件值来控制执行哪一行代码，主要分为 if、switch 和 三元运算符 3 种。

1. if 语句

if 语句是最常用的条件判断语句，通过条件执行语句中的布尔值来执行对应语句，可分为 if 语句、if...else 语句、if...else if...else 多分支语句，见表 2-7。

表 2-7 if 语句

语句	格式	描述

if 语句	if（条件）
	{
	　　语句；
	}
		如果条件成立，执行语句

if...else 语句	if（条件1）
	{
	　　语句1；
	}
	else
	{
	　　语句2；
	}
		如果条件1成立，执行语句1，否则执行语句2

if...else if...else 语句	if（条件1）
	{
	　　语句1；
	}
	else if（条件2）
	{
	　　语句2；
	}
	else
	{
	　　语句 N；
	}
		如果条件1成立，则执行语句1；如果条件1不满足，则判断条件2是否成立；如果条件2成立则执行语句2，如果不成立则执行语句 N

实例代码如下：

```
namespace IfExample
{
    class Program
    {
        static void Main( string[ ] args)
        {
            int a = 10;
            int b = 15;
            if ( a > b)
            {
                Console. WriteLine( "a > b") ;
            }
            else if ( b > a)
            {
                Console. WriteLine( "a < b") ;
            }
            else
            {
                Console. WriteLine( "a = b") ;
            }

            Console. ReadKey( ) ;
        }
    }
}
```

运行结果如图 2-11 所示。

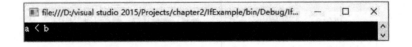

图 2-11 if 语句运行结果

提示 该资源位于【智能机器人高级编程及应用（ABB 机器人）资源包】/【chapter2】/【IfExample】项目中。

2. switch 语句

switch 语句是多分支条件判断语句，它可以根据条件值与多个值进行比较，从而执行对应语句，格式如下：

```
switch(变量)
  {
    case 常量1:
    语句1;
    break;
    case 常量2:
    语句2;
    break;
    ...
    default 常量n:
    语句n;
    break;
  }
```

变量与每一个 case 后面的常量进行比较，如果相等，则执行对应的语句。执行完成后，break 关键字会结束 switch。如果变量与所有的常量都不相等，则执行 default 后的语句，然后结束 switch。

实例代码如下：

```
namespace SwitchExample
{
    class Program
    {
        static void Main(string[] args)
        {
            char a = 'A';
            switch (a)
            {
                case 'A':
                    Console. WriteLine("优秀");
                    break;
                case 'B':
                    Console. WriteLine("良好");
                    break;
                case 'C':
                    Console. WriteLine("不合格");
                    break;
                default:
                    Console. WriteLine("没有对应选项");
                    break;
            }

            Console. ReadKey();
```

```
        }
    }
}
```

运行结果如图 2-12 所示。

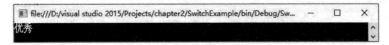

图 2-12   switch 语句运行结果

提示   该资源位于【智能机器人高级编程及应用（ABB 机器人）资源包】/【chapter2】/【SwitchExample】项目中。

3. 三元运算符

三元运算符包含 3 个操作数，语句格式如下：

条件? 语句 1:语句 2

如果条件成立，则执行语句 1，否则执行语句 2。
实例代码如下：

```
static void Main(string[ ] args)
{
    int a = 10;
    int b = 15;
    int c = a > b ? a : b;
    Console. WriteLine("c = {0}", c);

    Console. ReadKey( );
}
```

运行结果如图 2-13 所示。

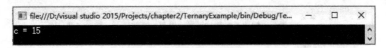

图 2-13   三元运算符运行结果

提示   该资源位于【智能机器人高级编程及应用（ABB 机器人）资源包】/【chapter2】/【TernaryExample】项目中。

2.3.3   循环语句

循环语句的作用是指在满足条件的情况下反复执行同一块代码，不用每次都编写重复代码。一般情况下，语句是顺序执行的：先执行函数中的第一个语句，接着是第二个语句，依此类推。

常用的循环方式有 for、while、do...while。

1. for 循环

for 循环可以执行指定次数，只要条件为真，就会重复执行嵌套语句，若条件为假则跳出循环。格式如下：

```
for ( int i = 1; i <= 5; i++ )
{
    Console. Write( "{0} ", i );
}
Console. WriteLine( );
```

2. while 循环

while 循环每次先判断条件，当条件为真时，执行嵌套语句，条件为假时停止执行循环语句。格式如下：

```
int i = 1;
while ( i <= 5 )
{
    Console. Write( "{0}", i );
    i++;
}
Console. WriteLine( );
```

3. do...while 循环

do...while 与 while 类似，区别是 while 先判断再执行，do...while 是先执行一遍大括号内语句，再根据 while 条件语句确定是否继续循环。格式如下：

```
int i = 1;
do
{
    Console. Write( "{0} ", i );
    i++;
} while ( i <= 5 );
```

运行结果如图 2-14 所示。

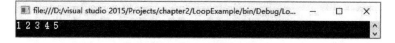

图 2-14　循环运行结果

提示　该资源位于【智能机器人高级编程及应用（ABB 机器人）资源包】/
【chapter2】/【LoopExample】项目中。

2.3.4 错误和异常处理

异常是在程序执行期间出现的问题。C#中的异常是对程序运行时出现的特殊情况的一种响应，异常提供了一种把程序控制权从某一个部分转移到另一个部分的方式。C#异常处理主要有4个关键词：try、catch、finally 和 throw。

1）try：一个 try 块标识了一个将被激活的特定的异常代码块。其后跟一个或多个 catch 块。

2）catch：程序通过异常处理程序捕获异常。catch 关键字表示异常被捕获。

3）finally：finally 块用于执行给定的语句，不管异常是否被抛出都会执行。例如，如果用户打开一个文件，不管是否出现异常文件都要被关闭。

4）throw：当问题出现时，程序抛出一个异常。使用 throw 关键字来完成。

语法如下：

```
try
{
    //引起异常的语句
}
catch ( ExceptionName e )
{
    //错误处理代码
}
finally
{
    //要执行的语句
}
```

实例代码如下：

```
namespace ExceptionExample
{
    class Program
    {
        static void Main( string[ ] args)
        {
            int a = 10;
            int b = 0;
            int c = 0;
            try
            {
                //引起异常的语句
                c = a / b;
            }
            catch ( DivideByZeroException e )
```

```
            {
                Console. WriteLine( "Exception：{0}", e);
            }
            finally
            {
                Console. WriteLine( "c = {0}", c);
            }

            Console. ReadKey( );
        }
    }
}
```

运行结果如图 2-15 所示。

图2-15   异常信息

提示   该资源位于【智能机器人高级编程及应用（ABB 机器人）资源包】／
【chapter2】／【ExceptionExample】项目中。

C#的异常是使用类表示的，下表列举一些派生自 Sytem. SystemException 类的预定义的异常类，见表2-8。

表2-8   异常类

异常类	描 述
System. IO. IOException	处理 I/O 错误
System. IndexOutOfRangeException	处理当方法指向超出范围的数组索引时生成的错误
System. ArrayTypeMismatchException	处理当数组类型不匹配时生成的错误
System. NullReferenceException	处理当依从一个空对象时生成的错误
System. DivideByZeroException	处理当除以零时生成的错误
System. InvalidCastException	处理在类型转换期间生成的错误
System. OutOfMemoryException	处理空闲内存不足生成的错误
System. StackOverflowException	处理栈溢出生成的错误

2.4 类与对象

C#是面向对象的语言，在C#中类是一种数据结构，将状态（字段）和操作（方法和其他函数成员）组合在一个单元中。类支持继承（inheritance）和多态性（polymorphism），这是派生类（derived class）可用来扩展和专用化基类（base class）的机制。

2.4.1 类与对象的关系

类为动态创建的类实例（instance）提供了定义，实例也称为对象（object），是类造出来的变量。简单地说，类是对象的抽象，对象是类的实例，类是一种抽象的分类，对象则是具体事物。如果车是一个类，某个人的车就是一个对象，车的颜色、质量就是它的属性，起动、加速、停止这些动作则可以定义为车的方法。

2.4.2 类的组成

类声明以一个修饰符开始，其组成方式如下：

```
修饰符 class 类名
{
}
```

class是声明类的关键字，修饰符包括public、private、protected、internal、protected internal这5种类型。

类的每个成员修饰符都有关联的可访问性，它控制能够访问该成员的程序，见表2-9。

表2-9 类的访问性

修饰符	访问性
public	访问不受限制
private	访问仅限于此类
protected	访问仅限于此类和从此类派生的类
internal	访问仅限于此程序
protected internal	访问仅限于此程序和从此类派生的类

下面以学生为例声明一个类：

```
namespace StudentExample
{
    public class Student
    {
        //私有变量
        private string name;
        private int age;
        private int number;
        //构造函数
        public Student(string _name, int _age, int _number)
        {
            name = _name;
            age = _age;
            number = _number;
        }

        //析构函数
        ~Student()
        {
            //析构处理;
        }
        //公共方法
        public void ShowStudentInfo()
        {
            Console.WriteLine("学生姓名：{0}", name);
            Console.WriteLine("学生年龄：{0}", age);
            Console.WriteLine("学生学号：{0}", number);
        }

        static void Main(string[] args)
        {
            //创建类对象
            Student Stu = new Student("张三", 18, 6);
            //调用类方法
            Stu.ShowStudentInfo();

            Console.ReadKey();
        }
    }
}
```

运行结果如图 2-16 所示。

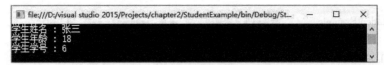

图 2-16　学生信息

提示　该资源位于【智能机器人高级编程及应用（ABB 机器人）资源包】/【chapter2】/【StudentExample】项目中。

其中，学生姓名、年龄、学号是类私有变量，不提供外界访问，需要通过公共方法获取。构造函数会在类实例化的时候调用，进行一些初始化操作。析构函数会在类对象销毁的时候进行析构处理，对资源进行释放。

2.5　委托与事件

委托与事件在 . Net Framework 中的应用非常广泛，但是要想较好地理解委托与事件，对很多接触 C#时间不长的人来说并不容易。大致来说，委托是一个类，其内部维护着一个字段，指向一个方法。事件可以被看作一个委托类型的变量，通过事件可注册、取消多个委托或方法。

扫码看视频

2.5.1　委托的使用

C#中的委托（delegate）类似于 C 或 C + + 中函数的指针。委托是存有对某个方法的引用的一种引用类型变量。引用可在运行时被改变。

声明委托的语法如下：

```
delegate  < return type >  < delegate – name >  < parameter list >
```

其中，delegate 表示委托类型；< return type >表示返回值类型。

委托使用实例如下：

```
namespace DelegateExample
{
    delegate int Number( int n) ;
    class Program
    {
        static int num = 10 ;
            public static int Add( int a)
        {

            num  += a;
            return num;
        }

        public static int Mult( int m)
```

```
            {
                num *= m;
                return num;
            }

        public static int getnum( )
        {
            return num;
        }
        static void Main( string[ ] args)
        {
            //创建委托实例
            Number n1 = new Number( Add) ;
            Number n2 = new Number( Mult) ;
            //使用委托对象调用方法
            n1( 25) ;
            Console. WriteLine( "Value of Num: {0}", getnum( )) ;
            n2( 5) ;
            Console. WriteLine( "Value of Num: {0}", getnum( )) ;
            Console. ReadKey( ) ;
        }
    }
}
```

运行结果如图 2-17 所示。

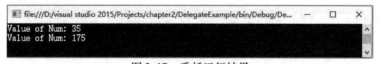

图 2-17 委托运行结果

提示 该资源位于【智能机器人高级编程及应用（ABB 机器人）资源包】/【chapter2】/
【DelegateExample】项目中。

2.5.2 事件的使用

事件（event）是应用程序执行过程中订阅的一些动作，当这些动作发生时通过程序响应事件。

C#中使用事件需要的步骤：

1）新建一个委托。

2）将创建的委托与特定事件关联。

3）编写 C#事件处理程序。

4）利用编写的 C#事件处理程序生成一个委托实例。

5）把这个委托实例添加到产生事件对象的事件列表中去，这个过程又叫订阅事件。

声明事件的语法如下：

<访问修饰符> event 委托名 事件名；

下面演示事件的声明、实例化和使用代码：

```
namespace EventExample
{
    class Judgment
    {
        //定义委托
        public delegate void delegateMatch( );
        //定义事件
        public event delegateMatch eventMatch;
        //触发事件方法
        public void Begin( )
        {
            eventMatch( );
        }
    }
    class Athlete1
    {
        //定义事件处理方法
        public void Start( )
        {
            Console. WriteLine("运动员 1 号:比赛开始");
        }
    }
    class Athlete2
    {
        //定义事件处理方法
        public void Start( )
        {
            Console. WriteLine("运动员 2 号:比赛开始");
        }
    }
    class Program
    {
        static void Main(string[ ] args)
        {
            //实例化对象
            Athlete1 athlete1 = new Athlete1( );
            Athlete2 athlete2 = new Athlete2( );
            Judgment judgment = new Judgment( );
            //订阅事件
            judgment. eventMatch += new Judgment. delegateMatch(athlete1. Start);
```

```
        judgment. eventMatch += new Judgment. delegateMatch( athlete2. Start) ;
        //触发事件
        judgment. Begin( ) ;
        Console. ReadKey( ) ;
        }
    }
}
```

运行结果如图 2-18 所示。

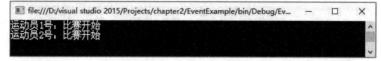

图 2-18　事件运行结果

提示　该资源位于【智能机器人高级编程及应用（ABB 机器人）资源包】/【chapter2】/【EventExample】项目中。

2.5.3　EventHandler 的使用

EventHandler 就是委托，是一种将事件与处理事件方法联系起来的机制。可以使用 EventHandler 来执行多个方法，如下所示：

```
using System. Threading;
namespace EventHandlerExample
{
    //闹钟类
    class AlarmClock
    {
        public string name1 ;
        public string name2 ;
        public AlarmClock( string _name1, string _name2 )
        {
            name1 = _name1 ;
            name2 = _name2 ;
        }
        // 与 EventHandle 匹配的方法，必须具备 object 与 EventArgs 两个参数
        public event EventHandler eventTimer;
        //倒计时
        public void CountDown( object obj, EventArgs e )
        {
            for ( int i =5;i > 0;i -- )
            {
                Console. WriteLine( "{0}", i );
                //休眠 1s 需要用到 using System. Threading 命名空间
                Thread. Sleep( 1000) ;
```

```
                }
                eventTimer(obj, e);
            }
        }

    class Program
    {
        //起床事件
        public static void onGetUp(object o, EventArgs e)
        {
            Console.WriteLine("{0}起床了", ((AlarmClock)o).name1);
        }

        public static void onGetUp2(object o, EventArgs e)
        {
            Console.WriteLine("{0}起床了", ((AlarmClock)o).name2);
        }

        static void Main(string[] args)
        {
            AlarmClock alarm = new AlarmClock("小明", "小张");
            alarm.eventTimer += onGetUp;
            alarm.eventTimer += onGetUp2;
            alarm.CountDown(alarm, new EventArgs());

            Console.ReadKey();
        }
    }
}
```

运行结果如图2-19所示。

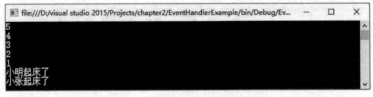

图2-19 EventHandler 运行结果

提示   该资源位于【智能机器人高级编程及应用（ABB 机器人）资源包】/【chapter2】/【EventHandlerExample】项目中。

因为在程序中使用了 Thread 类的方法，所以需要声明 System.Threading 命名空间。通过使用 Thread 类，可以对线程进行创建、暂停、恢复、休眠、终止以及设置优先权等操作。

线程是操作系统分配处理器时间的基本单元，C#支持通过多线程并行地执行代码。一个线程有他独立的执行路径。能够与其他的线程同时运行。程序开始于一个单线程，这个单线程是被 CLR 和操作系统自动创建的。

思 考 题

1. Visual Studio 2015 有哪些版本？
2. 解决方案资源管理器的作用是什么？
3. C#浮点型有哪些？
4. 类和对象分别是什么？
5. 类修饰符包括哪几种类型？

第 3 章　Winform 编程基础

本章要点

- Winform 应用程序介绍。
- Winform 控件介绍。
- 程序打包与部署方法。

本章将介绍 Winform 程序框架、控件的使用方法以及程序的打包与部署方法。通过对本章的学习，用户可以学到窗体控件相关知识，按照 Winform 程序设计流程自定义界面，生成可执行程序，并做打包处理。

3.1　Winform 应用程序简介

3.1.1　Winform 程序框架

扫码看视频

Winform 应用程序是 Windows 下的窗体可视化编程，是一种智能客户端技术。Winform 开发框架为企业或个人在 .NET 环境下快速开发系统提供了强大的技术支持，开发人员不需要重复建设基础功能和公共模块，框架本身提供了强大的函数库和开发包，程序员只需集中精力专注业务部分的工作，因此大大提高了开发效率和节约了开发成本。

开发框架基本能完成项目三分之一或一半以上的开发任务。开发新系统只需要扩展数据窗体、查询和报表，框架本身提供了数据窗体及报表界面的开发模板，新版本会集成报表自动生成等提高开发效率的智能组件。开发框架标配代码生成器工具，只需根据向导指示按步骤操作，数分钟内即可快速完成一个数据窗体的开发，自动生成增、删、改、查等常规功能的源码，可大大减少程序员在界面中的代码量和工作量。

3.1.2　Winform 程序设计流程

用 Visual C#开发应用程序包括建立项目、界面设计、代码设计和调试运行几个阶段。本节以 HelloWorld 程序为例介绍 Winform 程序设计流程。

1. 建立项目

1）启动 Visual Studio 2015，单击【文件】/【新建】/【项目】，弹出【新建项目】对话框，选择【模板】/【Visual C#】/【Windows】中的【Windows 窗体应用程序】，修改名称为"HelloWorld"，单击【浏览】按钮修改保存位置，如图 3-1 所示。

2）单击【确定】按钮，生成"HelloWorld"项目，如图 3-2 所示。

在窗体设计器界面，工具箱、属性面板、解决方案资源管理器使用得较多。

图 3-1　Windows 窗体应用程序

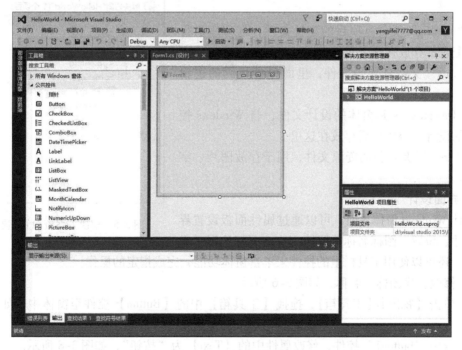

图 3-2　HelloWorld 项目

➤ 工具箱提供了各种简单方便的控件工具，用于构建 Windows 窗体，如图 3-3 所示。

➤ 属性面板里包含了 Windows 控件的属性，如图 3-4 所示。这些属性值可以进行基本的窗体设计。

➤ 解决方案资源管理器可显示当前需要操作的各种文件资源，如图 3-5 所示。

图3-3　工具箱

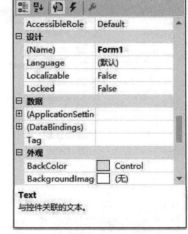

图3-4　属性面板

解决方案资源管理器中生成的文件作用如下：

➤ "Properties" 文件夹用于定义程序集的属性。

➤ "引用" 文件夹用于存放程序需要用到的引用文件。

➤ ". config" 文件是项目的配置文件，与程序运行有关的配置都存放在这个文件里。

➤ ". cs" 文件是代码文件，里面包含代码的逻辑实现。

➤ . Designer. cs 是窗体的设计文件，与 Windows 控件有关的设计代码生成后存放在这里。

➤ ". resx" 是项目的资源文件，用于存放图片、字符串等。

图3-5　解决方案资源管理器

2. 界面设计

设计 Winform 窗体界面，可以通过属性面板设置界面的尺寸、位置、图标名称等属性，从而更好地展示界面效果，还可以使用工具栏里的控件来丰富窗体功能，完成指定的操作。

1）修改程序图标、名称，如图 3-6 所示。

2）单击【视图】/【工具箱】，拖拽【工具箱】中的【Button】控件至窗体中，如图 3-7 所示。

3）选中 "button1" 控件，修改属性中的【Text】为 "按钮"，如图 3-8 所示。

3. 代码设计

界面设计完成后，需要通过编写代码来实现窗体程序的内在逻辑，从而完善各个控件的对应功能。

1）查看 Winform 程序代码的结构。右击 HelloWorld 窗体空白处，然后单击【查看代码】，如图 3-9 所示。

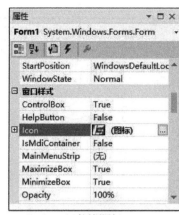

a) 对话框图标

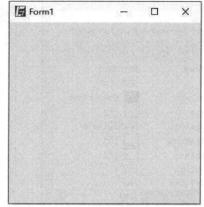

b) 图标修改效果

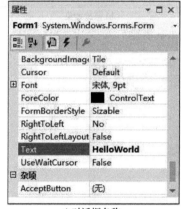

c) 对话框名称

d) 名称修改效果

图 3-6　修改图标、名称

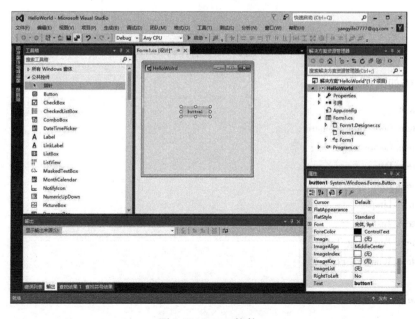

图 3-7　Button 控件

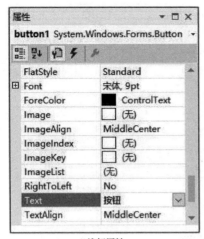
a) 按钮属性

b) 修改效果

图 3-8　修改按钮 Text 属性

图 3-9　查看代码

窗体代码如下所示：

```
using System;
using System. Collections. Generic;
using System. ComponentModel;
using System. Data;
using System. Drawing;
using System. Linq;
using System. Text;
using System. Threading. Tasks;
using System. Windows. Forms;


namespace HelloWorld
{
```

```
public partial class Form1 : Form
{
    public Form1( )
    {
        InitializeComponent( );
    }
}
}
```

创建每一个窗体时，都会自动生成 InitializeComponent（ ）代码，同时还会产生
. Designer. cs 程序代码文件，里面主要封装了界面设计规则。以下是自动生成的代码：

```
namespace HelloWorld
{
    partial class Form1
    {
        /// < summary >
        /// 必需的设计器变量
        /// </summary >
        private System. ComponentModel. IContainer components = null;

        /// < summary >
        /// 清理所有正在使用的资源
        /// </summary >
        /// < param name = "disposing" >如果释放托管资源,为 true;否则为 false。 </param >
        protected override void Dispose( bool disposing)
        {
            if ( disposing && ( components ! = null))
            {
                components. Dispose( );
            }
            base. Dispose( disposing);
        }

        #region Windows 窗体设计器生成的代码

        /// < summary >
        /// 设计器支持所需的方法 - 不要修改
        /// 使用代码编辑器修改此方法的内容
        /// </summary >
        private void InitializeComponent( )
        {
            this. components = new System. ComponentModel. Container( );
            this. AutoScaleMode = System. Windows. Forms. AutoScaleMode. Font;
```

```
                this. Text = "Form1";
            }


        #endregion
    }
}
```

InitializeComponent（ ）是界面设计编写内容，用来生成窗体代码。

Dispose（bool disposing）是窗体释放资源的执行代码，用于销毁资源，退出程序。

Winform 应用程序的主入口点在 Program. cs 文件中，Program. cs 代码如下：

```
using System;
using System. Collections. Generic;
using System. Linq;
using System. Threading. Tasks;
using System. Windows. Forms;

namespace HelloWorld
{
    static class Program
    {
        /// < summary >
        /// 应用程序的主入口点
        /// </ summary >
        [ STAThread ]
        static void Main( )
        {
            Application. EnableVisualStyles( );
            Application. SetCompatibleTextRenderingDefault( false);
            Application. Run( new Form1( ) );
        }
    }
}
```

2）双击"按钮"控件，自动打开 Form1. cs 程序编辑器并添加 button1_ Click 事件响应方法，如图 3-10 所示。

3）添加 HelloWorld 代码如下：

```
private void button1_Click( object sender, EventArgs e)
{
    //在消息窗口显示 Hello World!
    MessageBox. Show( "Hello World!" );
}
```

4. 调试运行

1）单击【生成】/【生成解决方案】，在【输出】窗口可以查看编译信息，如图 3-11 所示。

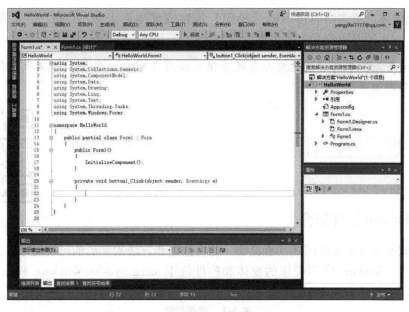

图 3-10　修改按钮的 Text 属性

图 3-11　输出窗口

2）单击【调试】/【开始执行（不调试）】。程序执行通过 Program. cs 下的主入口 Main（ ）进入，调用 Form1（ ）构造函数下的 InitializeComponent（ ）方法绑定事件，生成控件，如图 3-12 所示。

3）单击"按钮"控件，响应 button1_Click 事件，弹出"Hello World！"消息框，如图 3-13 所示。

图 3-12　运行窗口

图 3-13　单击按钮

4）关闭窗体。单击响应窗口的【确定】按钮或窗体右上角的⊠按钮，关闭时会调用 Dispose（）方法销毁资源并退出程序。

> **提示**　该资源位于【智能机器人高级编程及应用（ABB 机器人）资源包】/【chapter3】/【HelloWorld】项目中。

3.2 Winform 常用控件的使用

3.2.1　Winform 控件简介

扫码看视频

控件是软件中可重复使用的功能模块，是将数据和方法封装后的可视图形，由属性、方法和事件组成。Winform 应用程序的窗体和控件位于 using System. Windows. Forms 命名空间中，比较常用的控件见表 3-1。

表 3-1　常用控件

分　类	名　称	图　例	功　能
公共控件	Button	🔳 Button	当用户单击时触发事件
	Label	Ⓐ Label	为控件提供运行时的信息或说明性文字
	TextBox	🔲 TextBox	允许用户输入文本，并提供多行编辑和密码字符掩码功能
	CheckBox	☑ CheckBox	允许用户选择或清除关联选项
	RadioButton	◎ RadioButton	与其他单选按钮成对出现时，允许用户从一组选项中选择单个选项
	ComboBox	🔳 ComboBox	显示一个可编辑文本框，其中包含一个下拉列表
	ListBox	🔳 ListBox	显示用户可以从中选择项的列表
容器	GroupBox	🔳 GroupBox	在一组控件周围显示一个带有可选标题的框架

3.2.2　Button 控件

Button 控件是 C#中很常见也是用得比较多的一个控件，它在 Visual Studio 的工具箱中（见图 3-14），使用的时候将其拖到窗体中选定即可，如图 3-15 所示。

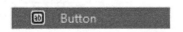

图 3-14　工具箱中的 Button 控件

图 3-15　Button 控件

实际应用中可以通过选中控件修改其 Text 属性来设置 Button 控件的文字显示，Text 属性在属性面板中，如图 3-16 所示。

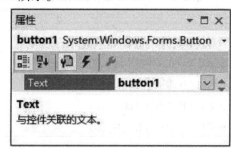

图 3-16　Text 属性

用户也可以在代码中给 Text 属性赋值：Button. Text = " xxx"。Text 的基本类型是 string，所以当将 int、float、double 等类型的值赋给 Button 控件时，需要类型转换。

单击 Button 控件时会触发 Click 事件，只要双击 Button 控件就会自动生成代码，如下所示：

```
private void button1_Click( object sender, EventArgs e)
{

}
```

触发 Click 事件后，事件就会被投入消息循环队列，等待被执行，这时就需要实现被执行的函数，让函数实现用户所需要的功能。

3.2.3　Label 控件

Label 控件通常用来提供其他控件的描述文字，它在 Visual Studio 的工具箱中，如图 3-17所示，使用的时候将其拖到窗体中选定即可，如图 3-18 所示。

图 3-17　工具箱中的 Label 控件　　　　　图 3-18　Label 控件

Label 控件的常用属性为 Text 属性，可通过属性面板设置，也可以在代码中设置。在代码中设置的格式为：LabelName. Text = " xxx"。Label 控件也可以用来设置图片，但是一般用作文字居多，它与 Button 控件一样也有 Click 事件，属性设置也和 Button 差不多。

3.2.4　TextBox 控件

TextBox 控件提供了基本的文本输入和编辑功能，在 Visual Studio 的工具箱中（见图 3-19），使用的时候将其拖到窗体中选定即可，如图 3-20 所示。

图 3-19　工具箱中的 TextBox 控件　　　　图 3-20　TextBox 控件

表 3-2 中是 TextBox 控件的常用属性，表 3-3 中是 TextBox 控件的常用方法。

表 3-2　TextBox 控件常用属性

属　性	描　述
MaxLength	可在文本框中输入的最大字符数
Multiline	表示是否可在文本框中输入多行文本
Passwordchar	密码输入字符
ReadOnly	文本框中的文本为只读
Text	检索在控件中输入的文本

表 3-3　TextBox 控件常用方法

方　法	描　述
Clear	删除现有的所有文本
Show	相当于将控件中的 Visible 属性设置为 True，并显示控件

3.2.5　CheckBox 控件

CheckBox 控件表示是否选择了某个选项条件，用来判断某个条件处于打开还是关闭状态。其在 Visual Studio 工具箱的位置如图 3-21 所示，使用的时候将其拖到窗体中选定即可，如图 3-22 所示。

图 3-21　工具箱中的 CheckBox 控件　　　　　　图 3-22　CheckBox 控件

CheckBox 控件通过 CheckState 属性来判断是否被选中。若该属性返回 Checked 则表示控件已被选中，返回 Unchecked 则表示已经取消选中。

可以在 Click 事件中判断 CheckState 属性，双击 CheckBox 控件生成代码并添加判断语句，代码如下：

```
private void checkBox1_CheckedChanged( object sender, EventArgs e)
{
    if ( checkBox1. CheckState == CheckState. Checked)
    {
        MessageBox. Show( "已经选中");
    }
    else
    {
        MessageBox. Show( "取消选中");
    }
}
```

运行结果如图 3-23 和图 3-24 所示。

图 3-23　控件被选中　　　　　　　　　　　图 3-24　控件取消选中

3. 2. 6　RadioButton 控件

RadioButton 控件为用户提供了由两个或多个互斥选项组成的选项集，其与复选按钮的区别在于同一组单选按钮中只能选中一个。

RadioButton 控件在 Visual Studio 工具箱的位置如图 3-25 所示，使用的时候将其拖到窗体中选定即可，如图 3-26 所示。

图 3-25　工具箱中的 RadioButton 控件　　　　　图 3-26　RadioButton 控件

RadioButton 控件通过在 Click 事件中判断 Checked 属性是否为 true，来判断控件是否被选中。创建两个单选按钮"radioButton1"和"radioButton2"，双击生成 Click 事件并插入代码如下：

```
private void radioButton1_CheckedChanged( object sender, EventArgs e)
{
    if ( radioButton1. Checked == true)
    {
        MessageBox. Show("radioButton1 控件被选中");
    }
}
private void radioButton2_CheckedChanged( object sender, EventArgs e)
{
    if ( radioButton2. Checked == true)
    {
        MessageBox. Show("radioButton2 控件被选中");
    }
}
```

运行结果如图 3-27 和图 3-28 所示。

图 3-27　radioButton1 被选中　　　　图 3-28　radioButton2 被选中

　　　提示　该资源位于【智能机器人高级编程及应用（ABB 机器人）资源包】/【chapter3】/【RadioButton】项目中。

3.2.7　ComboBox 控件

ComboBox 控件用于在下拉组合框中显示数据，它由一个文本框和一个列表框组成。其在 Visual Studio 工具箱的位置如图 3-29 所示，使用的时候将其拖到窗体中选定即可，如图 3-30 所示。

图 3-29　工具箱中的 ComboBox 控件　　　　　　图 3-30　ComboBox 控件

DropDownStyle 属性是 ComboBox 比较重要的一个属性，用于设置组合框的样式，其中有三个属性值，见表 3-4。

表 3-4　DropDownStyle 属性

属　　性	描　　　　述
DropDown	可以在文本框中填写，也可以在列表中选择
DropDownList	不能在文本框中填写，只能在列表中选择
Simple	使控件列表部分总是可见

设置 DropDownStyle 属性并在下拉列表中添加数据，代码如下：

```
public Form1()
{
    InitializeComponent();
    SetComBox();
}
```

```
private void SetComBox( )
{
    //设置 DropDownStyle 属性
    comboBox1. DropDownStyle = ComboBoxStyle. DropDownList;
    //添加列表项目
    comboBox1. Items. Add( "item1" );
    comboBox1. Items. Add( "item2" );
    comboBox1. Items. Add( "item3" );
}
```

运行结果如图 3-31 所示。

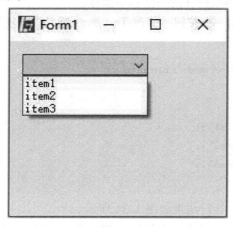

图 3-31　ComboBox 下拉列表

提示　该资源位于【智能机器人高级编程及应用（ABB 机器人）资源包】/【chapter3】/【ComBox】项目中。

3.2.8　ListBox 控件

ListBox 控件用于显示列表，可以一次呈现多个项，并可以对控件中的选项进行选择操作。其在 Visual Studio 工具箱的位置如图 3-32 所示，使用的时候将其拖到窗体中选定即可，如图 3-33 所示。

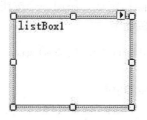

图 3-32　工具箱中的 ListBox 控件　　　　　图 3-33　ListBox 控件

ListBox 控件常用的属性见表 3-5。

表3-5　ListBox 控件常用属性

属　　性	描　　述
SelectionMode	组件中选项的选择类型，即多选（Multiple）和单选（Single）
Rows	列表框中总共显示多少行
Selected	检测选项是否被选中
SelectedItem	返回的类型是 ListItem，获得列表框中被选择的选项
Count	列表框中选项的总数
SelectedIndex	列表框中被选择项的索引值
Items	指列表框中的所有项，每一项的类型都是 ListItem

下面通过代码讲解 ListBox 控件的一些基本操作。

（1）添加列表项　添加一个按钮，修改 Text 属性为"添加项"。双击生成 Click 事件并插入代码如下：

```
private void button1_Click(object sender, EventArgs e)
{
    //添加项
    listBox1. Items. Add("item1");
    listBox1. Items. Add("item2");
    listBox1. Items. Add("item3");
}
```

单击"添加项"按钮，运行结果如图 3-34 所示。

（2）向指定位置插入项　添加一个按钮，修改 Text 属性为"插入项"。双击生成 Click 事件并插入代码如下：

```
private void button2_Click(object sender, EventArgs e)
{
    //插入项
    listBox1. Items. Insert(3, "item4");
    listBox1. Items. Insert(4, "item5");
}
```

单击"插入项"按钮，运行结果如图 3-35 所示。

（3）移除指定项　添加一个按钮，修改 Text 属性为"移除指定项"。双击生成 Click 事件并插入代码如下：

```
private void button3_Click(object sender, EventArgs e)
{
    //移除指定项
    listBox1. Items. Remove("item2");
    listBox1. Items. Remove("item4");
}
```

单击"移除指定项"按钮，运行结果如图 3-36 所示。

（4）删除所有项　添加一个按钮，修改 Text 属性为"删除所有项"。双击生成 Click 事件并插入代码如下：

```
private void button4_Click(object sender, EventArgs e)
{
    //删除所有项
    listBox1. Items. Clear();
}
```

59

单击"删除所有项"按钮，运行结果如图3-37所示。

图 3-34　添加项

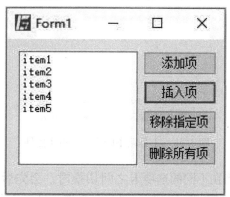

图 3-35　插入项

图 3-36　移除指定项

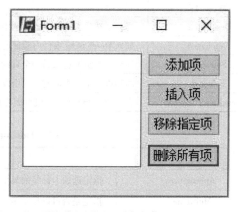

图 3-37　删除所有项

提示　该资源位于【智能机器人高级编程及应用（ABB 机器人）资源包】/【chapter3】/【ListBox】项目中。

3.3 Winform 高级控件的使用

上一节已经讲解了 Winform 的一些常用控件，除此之外还有一些 Winform的高级控件，如 TabControl 控件、ListView 控件、TreeView 控件

扫码看视频

等。熟练掌握这些控件后，可实现一些复杂的功能。

3.3.1 TabControl 控件

TabControl 控件用于将相关的控件集中在一起，放在一个页面中用以显示多种综合信息。TabControl 控件通常用于显示多个选项卡，并提供一系列操作按钮，单击不同的按钮可以在各个选项卡之间进行切换。它在 Visual Studio 工具箱的位置如图 3-38 所示，使用的时候将其拖到窗体中选定即可，如图 3-39 所示。

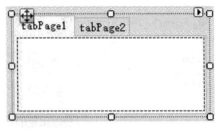

图 3-38　工具箱中的 TabControl 控件　　　　图 3-39　TabControl 控件

当在不同的选项卡之间切换时，会先后引发 Deselecting、Deselected、Selecting、Selected、SelectedIndexChanged 5 个事件，见表 3-6。表 3-7 中是 TabControl 控件的属性及描述。

表 3-6　TabControl 控件的事件

事　件	触发条件
Deselecting	当一个选项卡即将进入非选中状态时，可以在该事件的处理程序中处理一些验证工作
Deselected	如果 Deselecting 事件内验证通过，就会引发 Deselected 事件
Selecting	当从一个页面进入另一个页面的时候，可以通过 Selecting 事件判断是否允许进入下个页面
Selected	顺利进入下个页面时可以引发
SelectedIndexChanged	在 TabControl 控件完成页面切换后引发

表 3-7　TabControl 控件的属性

属　性	描　述
Appearance	指定选项卡标签的显示样式
MultiLine	指定是否可以显示多行选项卡
SelectedIndex	当前所选选项卡的索引值，默认值为 –1
SelectedTab	当前选定的选项卡，如果未选定，则值为 Null
ShowToolTips	指定在光标移到选项卡时，是否显示该选项卡的工具提示
TabPages	选项卡集合，可添加、修改选项卡
TabCount	检索 TabControl 控件中的选项卡数目
Alignment	控制标签在 TabControl 控件的什么位置显示。默认的位置为控件的顶部
HotTrack	如果该属性设置为 true，则当光标滑过控件上的标签时，其外观就会改变
RowCount	返回当前显示的标签行数

下面通过代码讲解 TabControl 控件的一些基本操作。

（1）添加选项卡　添加一个按钮，修改 Text 属性为"添加选项卡"，双击生成 Click 事件并插入代码如下：

```
private void button1_Click( object sender, EventArgs e)
{
    //选项卡名称
    string Title = "tabPage" + ( tabControl1. TabCount + 1). ToString( );
    //创建选项卡对象
    TabPage MyTabPage = new TabPage( Title) ;
    tabControl1. TabPages. Add( MyTabPage) ;
}
```

单击"添加选项卡"按钮，运行结果如图 3-40 所示。

（2）移除选项卡 添加一个按钮，修改 Text 属性为"移除选项卡"，双击生成 Click 事件并插入代码如下：

```
private void button2_Click( object sender, EventArgs e)
{
    //移除选项卡
    tabControl1. TabPages. Remove( tabControl1. TabPages[0]) ;
}
```

单击"移除选项卡"按钮，运行结果如图 3-41 所示。

图 3-40 添加选项卡

图 3-41 移除选项卡

提示 该资源位于【智能机器人高级编程及应用（ABB 机器人）资源包】/【chapter3】/【TabControl】项目中。

3.3.2 ListView 控件

ListView 控件的主要功能是将文件、图片、项目等通过列表的形式展示出来，就像 Windows 操作系统中每个文件夹下的文件的视图方式一样，可以选择大图标视图、小图标视图、详细信息视图等。它在 Visual Studio 工具箱的位置如图 3-42 所示，使用的时候将其拖到窗体中选定即可，如图 3-43 所示。

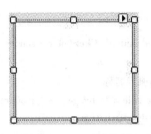

图 3-42　工具箱中的 ListView 控件　　　　图 3-43　ListView 控件

ListView 控件的常用属性见表 3-8。

表 3-8　ListView 控件常用属性

属　　性	描　　述
BackColor	ListViewItem 项目的颜色属性
Font	ListViewItem 项目的字体属性
ForeColor	ListViewItem 项目的字的颜色属性
Text	ListViewItem 项目的名称属性
ImageIndex	该 ListViewItem 项目的图标在 ListView 控件中绑定的图标库（ImageList 控件）中对应的图标的索引
ImageKey	该 ListViewItem 项目的图标在 ListView 控件中绑定的图标库中对应的图标的名称（图标文件名）
SubItems	设置 ListView 控件 Columns 集合的第二个开始的 ListViewSubitem 的值
LargeImageList	大图标图片集合，常与 ImageList 控件绑定
SmallImageList	小图标图片集合，常与 ImageList 控件绑定
CheckBoxes	设置控件中各项的旁边是否显示复选框（默认为 false）
GridLines	设置行和列之间是否显示网格线
HeaderStyle	获取或设置列标头样式
View	获取或设置项在控件中的显示方式，包括 LargeIcon、Details、SmallIcon、List、Tile（默认为 LargeIcon）
Columns	设置控件中的列标题

其中 View 属性包含 5 种视图，见表 3-9。

表 3-9　View 属性值

属性值	图　　例	描　　述
LargeIcon	item1　item2　item3 item4　item5　item6	每一项都由一个大图标和说明文本组成，在它的下面有一个标签

（续）

属性值	图　例			描　　述
Details	列标题1　subitem1　2,1　3,1　subitem2　2,2　3,2　subitem3　2,3　3,3　subitem4　2,4　3,4　subitem5　2,5　3,5　subitem6　2,6　3,6			每一项都由一个主项和相关的一系列子项组成，每一行只能显示一项
SmallIcon	item1　item2　item3　item4　item5　item6			每一项都由一个小图标和说明文本组成，在它的右边带一个标签
List	item1　item2　item3　item4　item5　item6			每一项都由一个小图标和说明文本组成，所有项都在单列中显示
Tile	item1 2001　item2 2002　item3 2003　item4 2004　item5 2005　item6 2006			每一项都由一个大图标、主项内容和与其相关的一系列子项组成

下面通过代码讲解 ListView 控件的一些基本操作。

（1）添加列标题　添加一个按钮，修改 Text 属性为"添加标题"，双击生成 Click 事件并插入代码如下：

```
private void button1_Click( object sender, EventArgs e)
{
    //添加列标题
    listView1. View = View. Details;
    //添加列标题,宽度以及文本对齐方式
    listView1. Columns. Add( "列标题1" , 70, HorizontalAlignment. Left) ;
    listView1. Columns. Add( "列标题2" , 70, HorizontalAlignment. Left) ;
    listView1. Columns. Add( "列标题3" , 70, HorizontalAlignment. Left) ;
}
```

单击"添加标题"按钮，运行结果如图 3-44 所示。

（2）添加列表数据　添加一个按钮，修改 Text 属性为"添加数据"，双击生成 Click 事件并插入代码如下：

```
private void button2_Click(object sender, EventArgs e)
{
    //添加数据
    for (int i = 0; i < 6; i++)    //添加6行数据
    {
        ListViewItem lv = new ListViewItem();
        lv. Text = "列1,行" + i;
        lv. SubItems. Add("列2,行" + i);
        lv. SubItems. Add("列3,行" + i);

        listView1. Items. Add(lv);
    }
}
```

单击"添加数据"按钮，运行结果如图3-45所示。

图 3-44　添加列标题

图 3-45　添加列表数据

提示　该资源位于【智能机器人高级编程及应用（ABB 机器人）资源包】/【chapter3】/【ListView】项目中。

3.3.3　TreeView 控件

TreeView 控件用来显示信息的分级视图，控件中的各项信息都有一个与之相关的 Node 对象。TreeView 显示 Node 对象的分层目录结构，每个 Node 对象均由一个 Label 对象和其相关的位图组成。建立 TreeView 控件后，可以展开和折叠、显示或隐藏其中的节点。TreeView 控件一般用来显示文件和目录结构、文档中的类层次、索引中的层次和其他具有分层目录结构的信息。它在 Visual Studio 工具箱的位置如图 3-46 所示，使用的时候将其拖到窗体中选定即可，如图 3-47 所示。

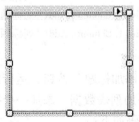

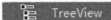

图 3-46　工具箱中的 TreeView 控件　　　　图 3-47　TreeView 控件

TreeView 控件的常用属性见表3-10。

表3-10 TreeView 控件常用属性

属 性	描 述
BorderStyle	确定控件边界风格
ImageIndex	节点的默认图像索引
ImageList	从中获取节点图像的 ImageList 控件
Nodes	控件中的根节点
SelectedImageIndex	选定节点的默认图像索引
ShowLines	指示是否在同级节点之间以及父节点和子节点之间显示连线
ShowPlusMinus	指示是否在父节点旁边显示 + / − 按钮
ShowRootLines	指示是否在根节点之间显示连线
StateImageList	树视图用于表示自定义状态的 ImageList 控件
CheckBoxes	指示是否在节点旁显示复选按钮

下面通过代码讲解 TreeView 控件的一些基本操作。

（1）添加节点 添加一个按钮，修改 Text 属性为"添加节点"，双击生成 Click 事件并插入代码如下：

```
private void button1_Click(object sender, EventArgs e)
{
    //添加根节点
    treeView1. Nodes. Add("班级");
    //添加班级的子节点
    treeView1. Nodes[0]. Nodes. Add("一班");
    treeView1. Nodes[0]. Nodes. Add("二班");
    //添加一班的子节点
    treeView1. Nodes[0]. Nodes[0]. Nodes. Add("张三");
    treeView1. Nodes[0]. Nodes[0]. Nodes. Add("李四");
    //添加二班的子节点
    treeView1. Nodes[0]. Nodes[1]. Nodes. Add("王五");
    treeView1. Nodes[0]. Nodes[1]. Nodes. Add("赵六");
}
```

单击"添加节点"按钮，运行结果如图3-48 所示。

（2）删除节点 添加一个按钮，修改 Text 属性为"删除节点"，双击生成 Click 事件并插入代码如下：

```
private void button2_Click(object sender, EventArgs e)
{
    //删除节点
    treeView1. Nodes[0]. Nodes[1]. Nodes[1]. Remove();
}
```

单击"删除节点"按钮，运行结果如图3-49 所示。

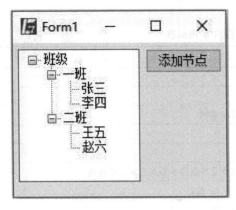

图 3-48　添加节点

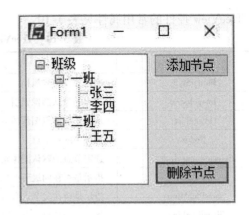

图 3-49　删除节点

提示　该资源位于【智能机器人高级编程及应用（ABB 机器人）资源包】/【chapter3】/【TreeView】项目中。

3.4　程序打包与部署

扫码看视频

3.4.1　Winform 打包与部署的基本概念

打包部署就是打包成一个 msi 文件，运行后将在服务器上自动新建一个虚拟的目录，把文件的内容复制进去，复制的内容可以在打包中指定。打包部署的优点如下：

1）保护版权和安装。

2）打包会把 cs 文件编译成 dll 文件，提高运行速度，同时保护代码。

3）打包发布可以节省空间，基本解决了安全性的问题，使得程序员的源代码不被泄漏。

4）将 Winform 应用软件正常地安装在客户的操作系统上时，可以同时形成卸载程序，可将此软件卸载。

在生成安装文件后会有 Setup. exe 和 Setup. msi 两种安装文件，其中 Setup. exe 文件是安装的引导文件，核心文件是 msi 文件，里面封存了程序的组件。

3.4.2　Winform 安装程序制作过程

Visual Studio Community 2015（社区版）可以使用 Microsoft Visual Studio 2015 Installer Projects 扩展插件来制作安装程序，可以通过右侧链接进行下载：

下面详细讲述安装程序制作过程。

（1）创建安装项目

1）打开【新建项目】对话框，选择【其他项目类型】/【Visual Studio Installer】中的【Setup Project】，如图 3-50 所示。

下载链接

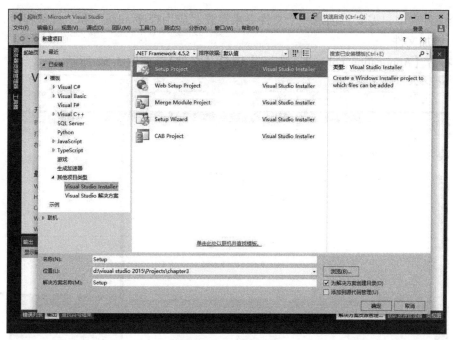

图 3-50　安装项目

2）单击【确定】按钮，出现 "File System（Setup）" 文件界面，如图 3-51 所示。

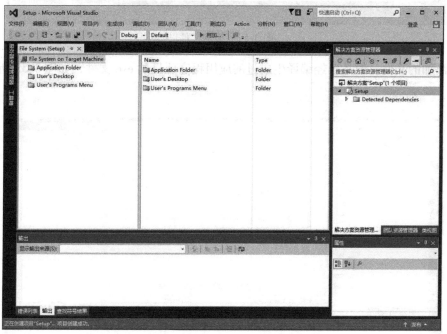

图 3-51　File System（Setup）界面

其中：

➢ Application Folder：表示要安装的应用程序需要添加的文件。

➢ User's Desktop：应用程序安装完后，用户桌面上所创建的 exe 快捷方式。

➢ User's Programs Menu：应用程序安装完后，用户的 "开始" 菜单中显示的内容。一般在这个文件夹中，需要再创建一个文件夹来存放"应用程序.exe"和"卸载程序.exe"。

（2）添加文件

1）右击【Application Folder】，选择【Add】/【文件】，如图 3-52 所示。

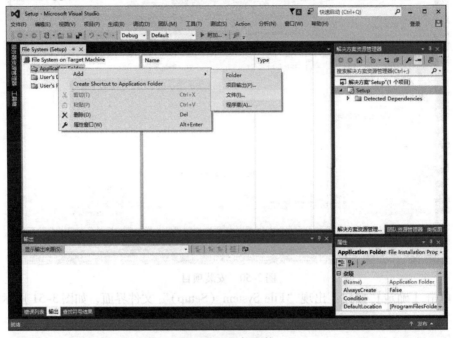

图 3-52　添加文件

2）添加的文件一般是已经编译生成过的应用程序项目的 exe 文件，如图 3-53 所示。

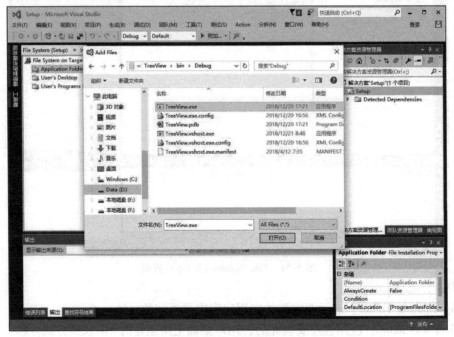

图 3-53　选择文件

添加后，可在右侧的【Detected Dependencies】中看到它自动导入了哪些依赖项。

（3）创建快捷方式

1）右击主程序 exe 文件，选择"Create Shortcut to xxx. exe"，如图 3-54 所示。

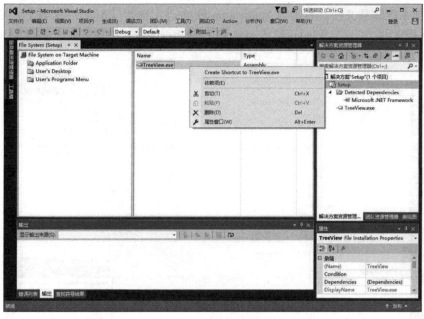

图 3-54　创建快捷方式

2）出现一个"Shortcut to..."的快捷方式项，将它剪切到用户桌面文件夹下，如图 3-55所示。

图 3-55　剪切快捷方式界面

在属性面板中可以设置快捷方式的名称、图标、描述等其他属性。

（4）配置卸载程序　卸载程序即是用一个 Windows 操作系统自带的程序，路径为 C：\ Windows \ System32 \ msiexec. exe，通过给它传送特殊的参数命令来让它执行卸载。

添加和设置卸载程序的操作如下：

1）添加系统卸载文件。右击【Application Folder】，选择【Add】/【文件】，在系统盘下找到这个路径文件（C：\ Windows \ System32 \ msiexec. exe）添加进去，如图 3-56 所示。

图 3-56　添加卸载程序

2）添加到目录。可以对 msiexec. exe 重命名，然后给它创建快捷方式，并将快捷方式放到【User's Programs Menu】目录下，如图 3-57 所示。

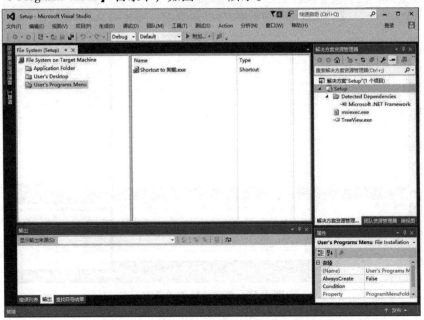

图 3-57　剪切卸载程序

3）设置卸载参数。在安装项目的属性面板中找到 ProductCode，如图 3-58 所示。

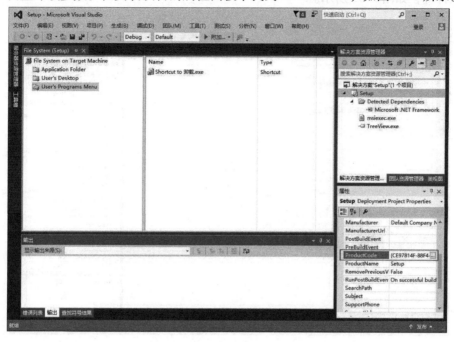

图 3-58　ProductCode 属性

4）修改 Arguments 属性。复制 ProductCode 里的内容，粘贴到卸载快捷方式的 Arguments 属性中，并在前面加 "/x"，如图 3-59 所示。

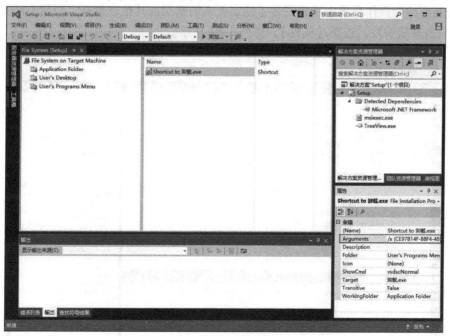

图 3-59　Arguments 属性

（5）其他安装设置　如果还想对安装程序进行其他设置，可以右击安装项目，在【View】中有很多选项可以设置，如优化安装欢迎界面、自定制安装步骤、修改注册表、设置启动条件等，如图 3-60 所示。

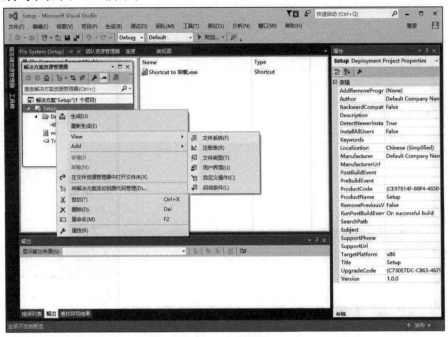

图 3-60　其他设置

（6）设置系统环境　程序要在计算机上正常运行，需要依赖 . Net Framework 版本环境，所以就得保证计算机上装有指定的 . Net Framework 版本框架。可以在安装包的属性中设置，在启动安装前检查操作系统中是否安装了指定版本的框架或其他依赖项，设置方法如下：

1）右击安装项目，选择【属性】，如图 3-61 所示。

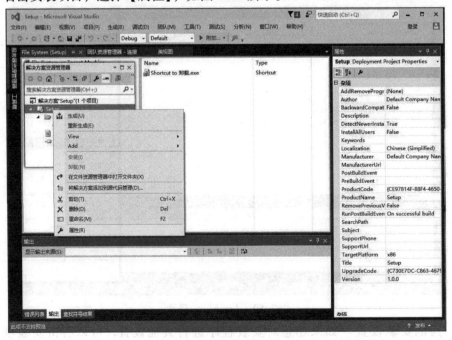

图 3-61　右击安装项目

2）单击【Prerequisites...】按钮，如图 3-62 所示。

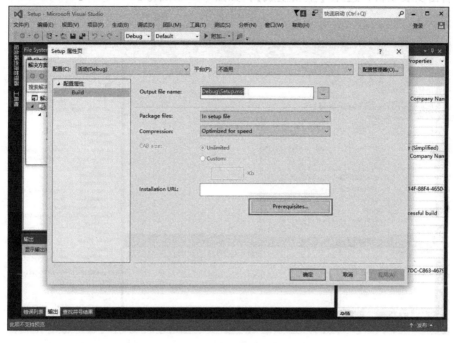

图 3-62　Prerequisites 按钮

3）选择需要的 . Net Framework 版本以及其他依赖项，如图 3-63 所示。

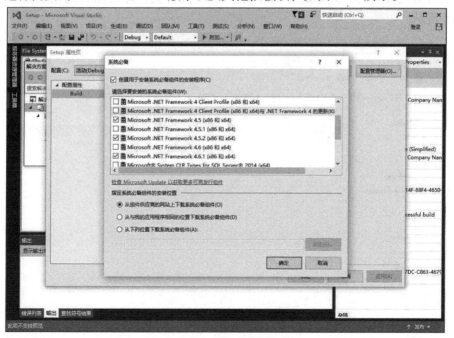

图 3-63　选择版本和依赖项

（7）生成打包安装文件

1）右击安装项目，选择【重新生成】，如图 3-64 所示。

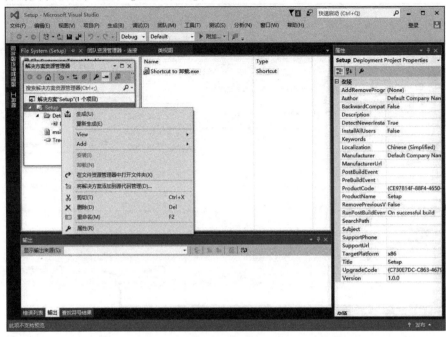

图 3-64　重新生成

2）打开解决方案文件夹下的 Debug 或 Release 文件夹，即可以看到生成的安装文件，如图 3-65 所示。

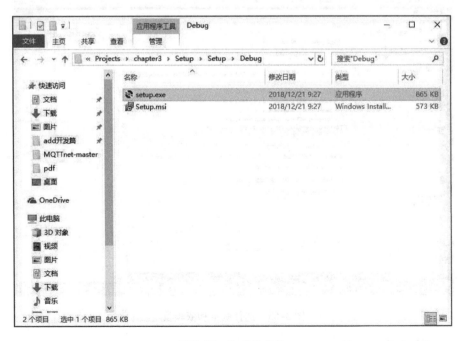

图 3-65　生成的文件

安装完成的 setup. exe 中包含了对安装程序的一些条件的检测，如是否需要安装 . NET 的版本等，当条件具备后可调用 Setup. msi。如果用户确定条件都具备，则 Setup. msi 程序可以直接运行。

思 考 题

1. 哪个文件封装了 Winform 应用程序的界面设计规则？
2. InitializeComponent（ ）方法的作用是什么？
3. Winform 应用程序的主入口点在哪里？
4. CheckBox 控件和 RadioButton 控件有什么区别？
5. 程序安装制作完成后会生成哪些文件？

第4章 工业机器人高级编程基础

本章要点
- 工业机器人系统结构介绍。
- PC SDK 介绍。
- 机器人仿真实训环境搭建。

本章将介绍工业机器人的系统结构、PC SDK 以及机器人仿真实训环境的搭建方法，为后续章节使用 PC SDK 操作机器人控制器做准备。

 4.1 工业机器人的系统结构

工业机器人主要由操作机、控制器和示教器 3 个部分组成，如图 4-1 所示。

扫码看视频

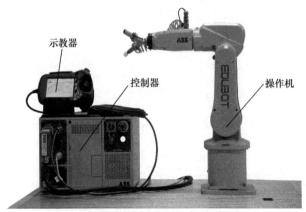

图 4-1 工业机器人的系统结构

1. 操作机

操作机又称机器人本体，是工业机器人的机械主体，是用来完成规定任务的执行机构，主要由机械臂、驱动装置、传动装置和内部传感器组成。

由于工业机器人需要实现快速而频繁的启停和精确到位的运动，因此要采用位置传感器、速度传感器等检测单元实现位置、速度和加速度闭环控制。

为了适应工业生产中的不同作业和操作要求，工业机器人机械结构系统中最后一个轴的机械接口通常为一个连接法兰，可连接不同功能的机械操作装置（即末端执行器），如夹爪、吸盘、焊枪等。

2. 控制器

控制器用来控制工业机器人按规定要求动作，是机器人的关键和核心部分。它类似于人的大脑，控制着机器人的全部动作，也是机器人系统中更新发展最快的部分。

控制器的任务是根据机器人的作业指令程序以及传感器反馈的信号支配执行机构完成规定的运动和功能。

机器人功能的强弱以及性能的优劣主要取决于控制器。它通过各种控制电路中硬件和软件的结合来操作机器人，并协调机器人与周边设备的关系。

3. 示教器

示教器又称示教盒或示教编程器，通过电缆与控制器连接，可由操作者手持移动。

示教器是工业机器人的人机交互接口，机器人的绝大部分操作均可以通过示教器来完成，如点动机器人，编写、测试和运行机器人程序，设定、查阅机器人状态设置和位置等。它拥有自己独立的 CPU 和存储单元，与控制器之间以 TCP/IP 等通信方式实现信息交互。

 4.2　工业机器人高级开发

扫码看视频

工业机器人公司通常通过 SDK 为用户提供大量便捷的二次开发及应用工具。SDK 是 Software Development Kit 的缩写，中文意思是"软件开发工具包"。可以让用户快速地应用软件，省去编写硬件代码和基础代码框架的过程。ABB 公司提供的一些机器人开发包见表 4-1。

表 4-1　机器人开发包

开发包	描　述
RobotStudio SDK	用于为 RobotStudio 开发不同类型的自定义应用程序或外界程序，从而为软件增加新特性，扩展仿真软件的功能
PC SDK	用于开发客户端的自定义应用程序。允许系统集成商、第三方或最终用户向 ABB 机器人控制器添加自己定制的操作界面。这种自定义应用程序可以作为独立的 PC 应用程序实现，通过网络与机器人控制器进行通信
Robot Web Services	开发人员可以创建自己的自定义应用程序来与机器人控制器交互。Robot Web Services 提供了一套 RESTful API，这套 API 基于 HTTP 协议进行通信，并且通信内容由 HTML 和 JSON 组成，因此可以与机器人控制器进行平台无关和语言无关的通信
Flex Pendant SDK	用于开发示教器自定义应用程序。Flex Pendant SDK 允许系统集成商、第三方或最终用户为 Flex Pendant 添加自己定制的操作界面。这种自定义应用程序可以作为独立的 Flex Pendand 应用程序实现，并与机器人控制器进行通信

 4.3　PC SDK 的下载与安装

开发客户端自定义应用程序需要用到 PC SDK，可以从官网选择所需

扫码看视频

要的版本进行下载。安装 PC SDK 前需要计算机上的管理员权限，支持的操作系统见表 4-2。

表 4-2　支持的操作系统

操作系统	类　　型
Windows 7 SP1	32 位
Windows 7 SP1（推荐）	64 位
Windows 10（推荐）	64 位

（1）下载　首先进入 ABB 公司的官网找到下载页面，然后选择对应的 PC SDK 版本进行下载。具体步骤如下：

1）文件链接为 http：//developercenter. robotstudio. com/downloads_pc。也可扫描右侧二维码打开链接。

下载链接

2）选择所需要的版本进行下载，如图 4-2 所示。

图 4-2　PC SDK 的版本

下载后的安装包解压后包含两个可执行文件，其中"ABB Robot Communication Runtime. 6. 08. 8148. 0134. exe"为 ABB 机器人的通信运行环境，负责与机器人的数据交互，"PCSDK. 6. 08. 8148. 0134. exe"为 PC SDK 的安装包，为用户应用程序提供可调用的数据接口，如图 4-3 所示。

名称

　ABB Robot Communication Runtime.6.08.8148.0134.exe ①
　PCSDK.6.08.8148.0134.exe ②

图 4-3　PC SDK 解压目录

（2）安装　PC SDK 的安装主要分为两个步骤。首先安装 ABB 通信运行环境，然后安装 PC SDK。具体步骤如下：

1）安装 ABB 通信运行环境，双击图 4-3 所示的①处的可执行程序，弹出其安装向导界面。

2）单击【Next】按钮，如图 4-4 所示。

3）单击【Install】按钮，进行安装，如图 4-5 和图 4-6 所示。

4）安装完毕后单击【Finish】按钮，如图 4-7 所示。

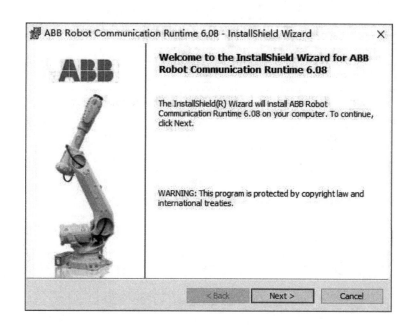

图4-4 单击【Next】按钮

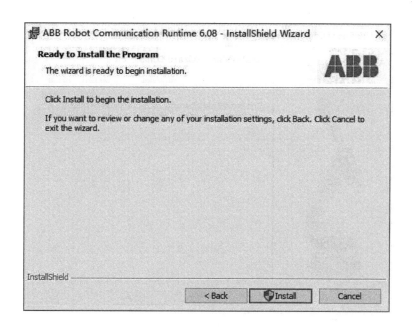

图4-5 单击【Install】按钮

5）安装 PC SDK，双击图4-3所示的②处的可执行程序，弹出其安装向导界面。

6）单击【Next】按钮，如图4-8所示。

7）选择接受条款许可，单击【Next】按钮，如图4-9所示。

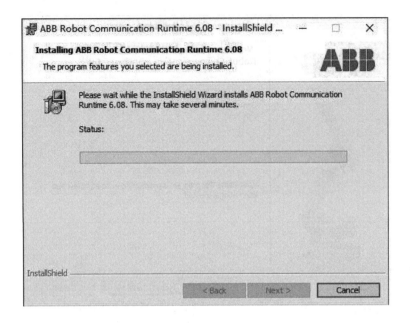

图 4-6 安装等待

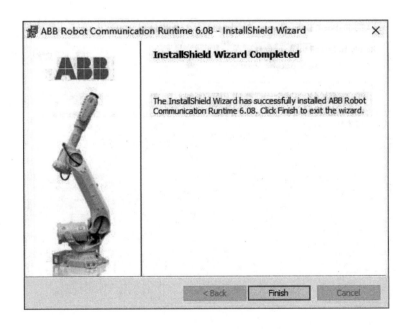

图 4-7 单击【Finish】按钮

8）单击【Install】按钮，如图 4-10 所示。

9）等待安装，如图 4-11 所示。

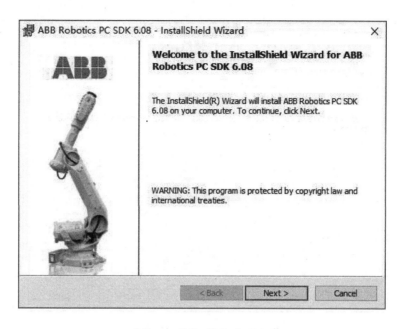

图 4-8　单击【Next】按钮

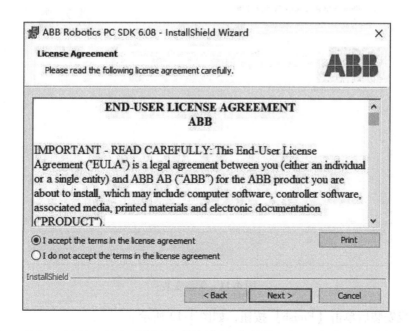

图 4-9　单击【Next】按钮

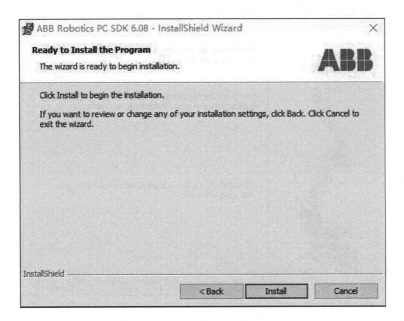

图 4-10   单击【Install】按钮

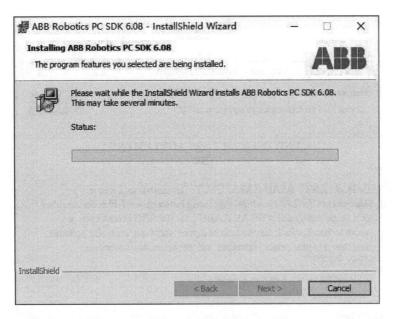

图 4-11   等待安装

10）完成安装后单击【Finish】按钮，如图 4-12 所示。

（3）目录结构   安装完成后，进入安装目录可以查看安装后的目录结构，生成的文件如图 4-13 所示。

各个文件对应的描述见表 4-3。

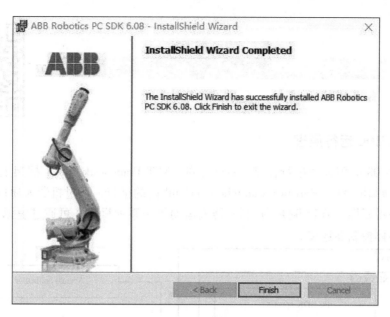

图4-12　单击【Finish】按钮

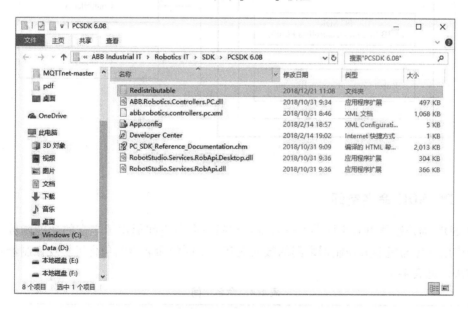

图4-13　生成的文件

表4-3　文件描述

文　件	描　述
ABB. Robotics. Controllers. PC. dll	包含了 ABB 控制器接口
abb. robotics. controllers. pc. xml	ABB 控制器的配置文件
App. config	显示了 PC SDK 使用的所有设置
Developer Center	开发者引导链接
PC_ SDK_ Reference_ Documentation. chm	PC SDK 参考手册，里面包含了 SDK 的使用方法及说明
RobotStudio. Services. RobApi. dll	提供了 RobotStudio 服务接口

4.4 PC SDK 程序架构

扫码看视频

4.4.1 PC SDK 运行原理

PC SDK 6.08 应用程序运行在 Windows 下的 . NET Framework 4.6.1 框架上，如图 4-14 所示。使用 C#调用 ABB. Robotics. Controllers. PC. dll 内的接口，通过机器人通信环境与控制器交互，如获得属性、监听事件、控制机器人运动等一系列操作。可通过虚拟控制器连接，也可以通过实体控制器连接。

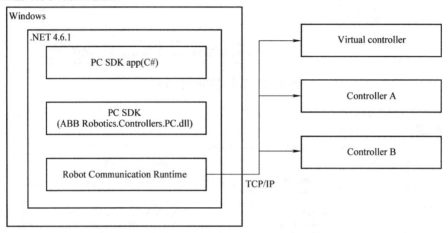

图 4-14 PC SDK 应用程序运行框架

4.4.2 PC SDK 命名空间

PC SDK 为控制器 IRC 5 提供了很多命名空间。命名空间提供了丰富的功能函数，可用于完成应用程序与机器人控制器之间的数据交互。不同的命名空间包含了实现控制器功能的不同方法，见表 4-4。

表 4-4 命名空间

命名空间	描 述
ABB. Robotics	包含了对象管理接口以及异常处理类
ABB. Robotics. Controllers	包含了对控制器操作的各种类、参数结构、接口、委托事件以及枚举信息
ABB. Robotics. Controllers. Configuration	包含了对控制器配置文件的操作
ABB. Robotics. Controllers. ConfigurationDomain	配置域命名空间允许访问控制器的配置数据库
ABB. Robotics. Controllers. Discovery	用于从 PC SDK 应用程序创建到控制器的连接
ABB. Robotics. Controllers. EventLogDomain	包含关于控制器状态、RAPID 执行、控制器运行进程等信息

（续）

命名空间	描　述
ABB. Robotics. Controllers. FileSystemDomain	用于在控制器文件系统中创建、保存、加载、重命名和删除文件，也可以创建和删除目录
ABB. Robotics. Controllers. Hosting	用于主机和控制器之间的交互
ABB. Robotics. Controllers. IOSystemDomain	机器人系统使用输入和输出信号来控制过程。此命名空间提供了输入和输出信号的一系列操作
ABB. Robotics. Controllers. Messaging	用于在 PC SDK 应用程序和 RAPID 任务之间发送和接收数据
ABB. Robotics. Controllers. MotionDomain	包含了消息处理的操作，用于访问机器人系统的机械单元
ABB. Robotics. Controllers. RapidDomain	允许访问机器人系统中的 RAPID 数据。有许多 PC SDK 类表示不同的 RAPID 数据类型。还有一个用户定义的类用于 RAPID 引用记录结构
ABB. Robotics. Controllers. UserAuthorizationManagement	控制用户访问的系统：用户授权系统（UAS）。如果使用此功能，每个用户需要一个用户名和密码，以便通过 RobotStudio 登录到机器人控制器

85

4.4.3　异常处理

异常是指在程序执行期间出现的问题。当开发过程中出现异常时，会显示与之相关的错误代码，可用于处理软件或信息系统中出现的异常情况。错误代码以及对应的描述见表4-5。

表4-5　错误代码

错误代码	描　述
0x80040401	无法满足请求的轮询级别，使用轮询级别较低的
0x80040402	无法满足请求的轮询级别，使用轮询级别中等的
0xC0040401	没有连接控制器
0xC0040402	控制器连接错误
0xC0040403	控制器无响应
0xC0040404	消息队列已满
0xC0040405	等待资源
0xC0040406	发送的消息太多
0xC0040408	字符串不完全包含编码支持的字符
0xC0040409	资源正在使用，无法释放
0xC0040410	客户端已经作为控制器用户登录
0xC0040411	NetScan 中没有控制器
0xC0040412	NetScanID 已不再使用。控制器从列表中移除
0xC0040414	RobotWare 版本比安装的机器人通信运行环境要求的要低，需要安装一个更新的机器人通信运行环境

（续）

错误代码	描　　述
0xC0040415	RobotWare 版本的主要和次要部分是已知的，但修订部分并不完全兼容
0xC0040416	RobotWare 版本不再受支持
0xC0040417	RobotWare 不支持助手类型。Helper 可能已经过时，或者作用于之后的 RobotWare 版本，或者 Helper 可能不受引导级控制器的支持
0xC0040418	系统 ID 和网络 ID 不匹配，它们不能识别相同的控制器
0xC0040601	调用是由发出 Connect（）调用的客户端以外的其他客户端进行的
0xC0040602	在本地文件系统上找不到文件
0xC0040603	在远程文件系统上找不到文件
0xC0040604	访问/创建本地文件系统上的文件时出错
0xC0040605	访问/创建远程文件系统上的文件时出错
0xC0040606	路径或文件名太长，不利于 VxWorks 文件系统
0xC0040607	文件传输被中断。当传输到远程系统时，原因可能是远程设备已满
0xC0040608	本地设备已满
0xC0040609	客户端已经有一个连接，在当前连接断开之前不能建立新的连接
0xC0040701	发布目录中的一个或多个文件已损坏，无法在启动 VC 时使用
0xC0040702	系统目录中的一个或多个文件已损坏，无法在启动 VC 时使用
0xC0040703	本系统的 VC 已经启动；每个系统只允许一个 VC
0xC0040704	不能热启动 VC，因为必须先冷启动
0xC0040705	请求的操作失败，因为 VC 所有权没有被持有或无法获得
0xC0048401	内存溢出
0xC0048402	没有执行
0xC0048403	此版本的控制器不支持此服务

4.5　机器人仿真实训环境的创建

扫码看视频

　　RobotStudio 是 ABB 公司发布的一款计算机仿真软件，可用于机器人单元建模、离线系统创建和仿真。基于 PC SDK 开发的应用程序，既可以连接真实的机器人控制器系统，也可以连接由 RobotStudio 创建的虚拟控制器系统。本章将通过 RobotStudio 软件环境建立机器人系统，方便进行快速验证。RobotStudio 仿真实训环境的创建过程如下：

　　（1）导入实训台　要完成仿真任务，用户首先需要将涉及的实训台导入工作站。导入实训台的具体操作如下：

　　1）新建空工作站。单击【文件】/【新建】/【空工作站】/【创建】，新建空工作站，如图 4-15 所示。

　　2）导入实训台。选择【基本】选项卡，单击【导入模型库】下拉按钮，然后选择【浏览库文件 ...】选项，如图 4-16 所示。

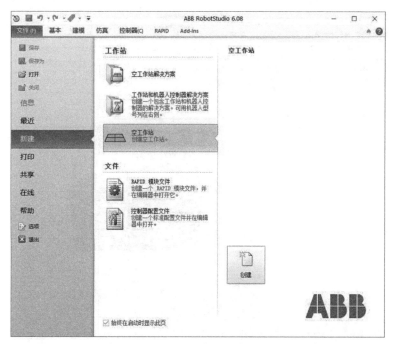

图 4-15　新建空工作站

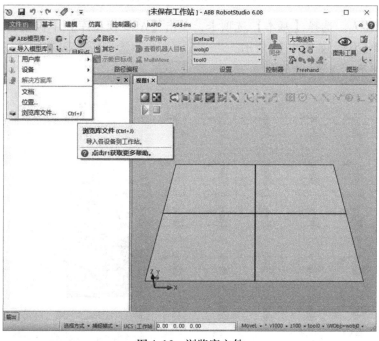

图 4-16　浏览库文件

3）导入实训台。在弹出的浏览窗口中选中并打开"HD1XKB 工业机器人技能考核实训台标准版"（该资源位于【智能工业机器人高级编程技术与应用（ABB 机器人）资源包】/【chapter4】中），导入完成后如图 4-17 所示。

（2）安装机器人　在不同的虚拟仿真任务中，用户需要根据任务要求和作业环境，选择合适的机器人（本章选择 IRB 120 机器人）。安装 IRB 120 机器人的具体操作步骤如下：

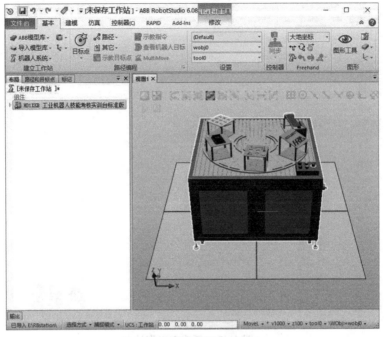

图 4-17　完成实训台的导入

1）选择机器人。选择【基本】选项卡，单击【ABB 模型库】下拉按钮，在打开的窗口中选择【IRB 120】，如图 4-18 所示。

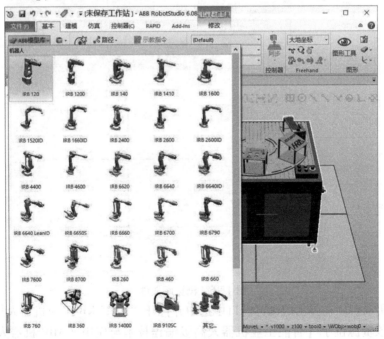

图 4-18　选择机器人

2）选择机器人版本。在弹出的【IRB 120】对话框中，选择版本【IRB 120】，如图 4-19所示。单击【确定】按钮，进入下一步。

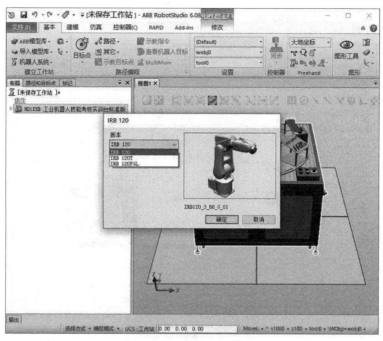

图4-19 选择机器人版本

3）设置机器人的安装位置。在界面左侧选择【布局】窗口，右击【IRB120_3_58 __ 01】，在其快捷菜单中选择【安装到】/【HD1XKB 工业机器人技能考核实训台标准版】，如图 4-20 所示。

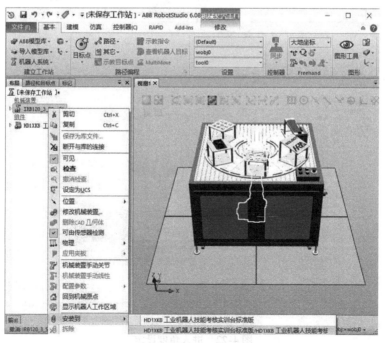

图4-20 设置机器人的安装位置

4）更新位置。在弹出的【更新位置】对话框中单击【是（Y）】按钮，更新机器人位置，如图4-21所示。

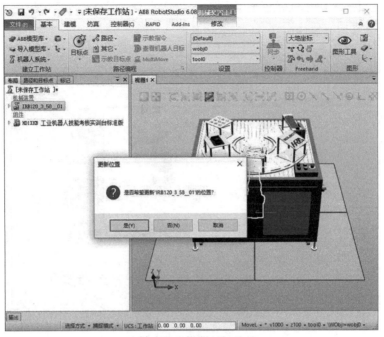

图 4-21　更新位置

5）进入角度设定。在界面左侧选择【布局】窗口，右击【IRB120_3_58 __ 01】，在其快捷菜单中选择【位置】/【设定位置...】，如图 4-22 所示。

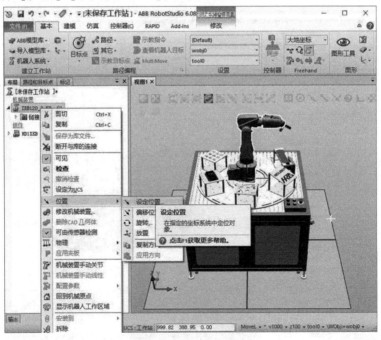

图 4-22　进入角度设定

6）设定角度。在界面左侧的【方向】输入框内输入角度（0.00，0.00，–90）。单击【应用】按钮，确定应用设置，如图 4-23 所示。

7）机器人安装完成，如图 4-24 所示。

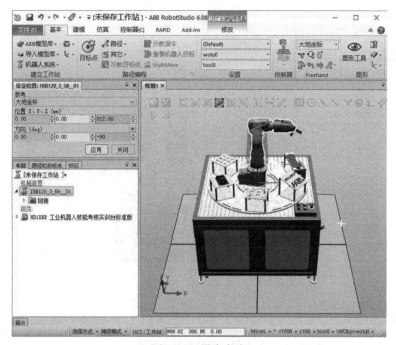

图 4-23 设定角度

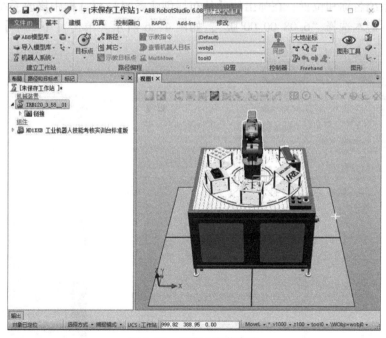

图 4-24 机器人安装完成

（3）创建机器人系统 搭建完工作站后需要为机器人加载系统，建立虚拟控制器，使其具有相关的电气特性，以完成对应的仿真操作。创建机器人系统的具体操作步骤如下：

1）创建机器人系统。选择【基本】选项卡，单击【机器人系统】下拉按钮，然后选择【从布局...】选项，如图 4-25 所示。

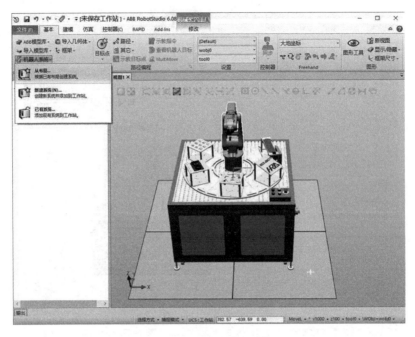

图 4-25　创建机器人系统

2）修改系统名称和位置。在弹出的【从布局创建系统】对话框中修改系统的名称和位置，RobotWare 版本选择"6.08.00.00 版"，如图 4-26 所示。单击【下一个】按钮，进入下一步。

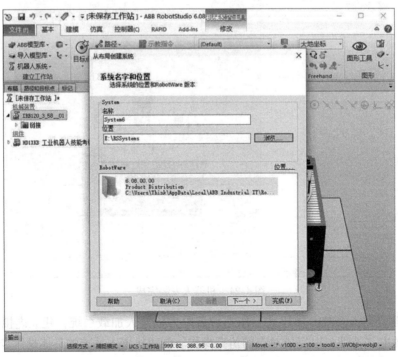

图 4-26　修改系统名称和位置

3）选择机械装置。在【机械装置】框内选中之前导入的机器人型号，如图4-27所示。单击【下一个】按钮。

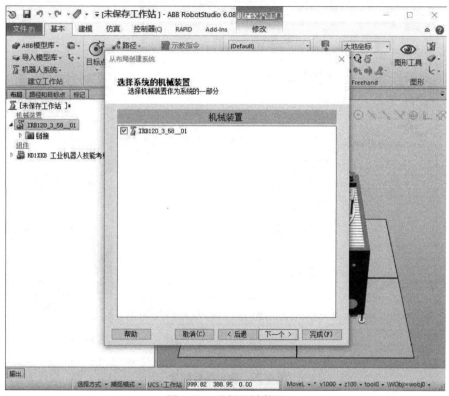

图4-27　选择机械装置

4）设置默认语言和总线，如图4-28所示。

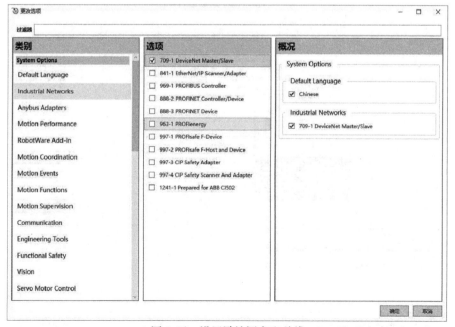

图4-28　设置默认语言和总线

5）确定参数配置。单击【完成】按钮关闭【从布局创建系统】对话框，完成系统的创建，如图 4-29 所示。

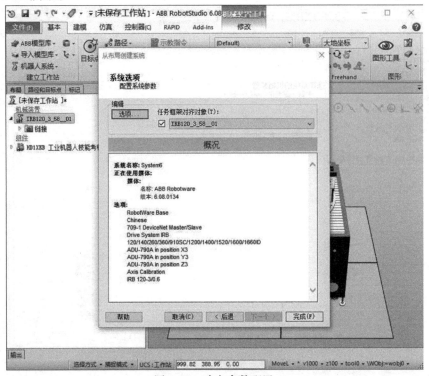

图 4-29　确定参数配置

至此，就完整地在 RobotStudio 中创建了一个与真实 ABB 机器人系统相同的虚拟仿真系统。想要打开示教器，可以选择【控制器】选项卡，找到【示教器】按钮，如图 4-30 所示。

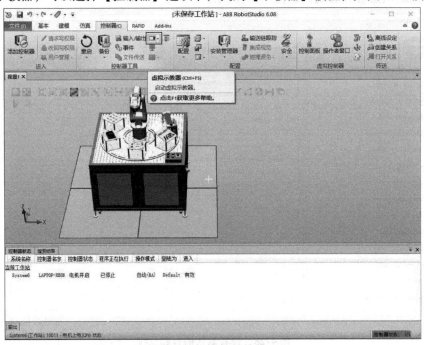

图 4-30　选择示教器

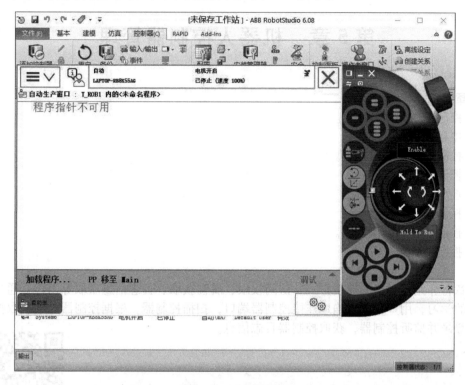

单击【示教器】按钮，弹出的示教器界面如图 4-31 所示。

图 4-31　示教器界面

思　考　题

1. 工业机器人由哪几部分组成？
2. PC SDK 的作用是什么？
3. PC SDK 6.08 应用程序运行在什么框架上？
4. 哪一个命名空间包含操作控制器文件系统的方法？

第 5 章　机器人控制器管理

本章要点
- 控制器访问权限介绍。
- 项目方案建立方法。
- 控制器属性获取方法。
- 控制器登录方法。
- 控制器事件监听。
- 控制器日志介绍。
- 控制器日志读取方法。
- 控制器日志监听。

　　本章将介绍控制器的连接方式、访问权限、属性获取、日志信息获取等内容。通过对本章内容的学习，用户可以正确地连接控制器端口，扫描控制器，根据控制器对象获取控制器属性，登录并监听控制器，获取控制器日志信息。

5.1　控制器访问条件

　　用户可以通过正确连接控制器端口，创建控制器对象，请求控制器访问权限来完成相应的操作。

扫码看视频

5.1.1　控制器连接端口

　　IRB 120 机器人采用 IRC 5 紧凑型控制器，其内部通信接口见表 5-1。

表 5-1　IRC 5 紧凑型控制器内部通信接口

图片示例	端　口	作　用
	X1	电源
	X2（黄）	用于控制器与 PC 的连接
	X3（绿）	LAN1（示教器连接）
	X4	LAN2（基于 ProfiNet SW、以太网 IP、以太网开关的连接）
	X5	LAN3（基于 ProfiNet SW、以太网 IP、以太网开关的连接）
	X6	WAN（连接至工厂 WAN）
	X7（蓝）	连接至面板
	X9（红）	轴计算机
	X10、X11	USB 端口（4 端口）

连接控制器的端口信息见表5-2。

表5-2　连接控制器的端口信息

应用程序类型	以太网端口	请求 PC Interface
RobotStudio Add – In	Service port	No
Stand – alone executable	Service port	No
RobotStudio Add – In	LAN port	Yes
Stand – alone executable	LAN port	Yes

PC Interface 是 ABB 机器人系统用于以太网通信的选项包，开通后可以使用计算机或其他具有以太网端口的设备通过 LAN 端口与控制器进行数据通信。

在 IRC 5 控制器机器人通信运行环境下，不同的网络端口对应的客户端应用的最大连接数量不同，见表5-3。

表5-3　网络端口对应的客户端最大连接数量

网络端口	客户端最大连接数量
LAN	3
SERVICE	1
FlexPendant	1

5.1.2　Controller 对象

为了实现机器人控制器管理，要使用 PC SDK 中的 ABB. Robotics. Controllers 命名空间。通过该命名空间下的方法可创建控制器对象。控制器 Controller 对象可以获取控制器的状态、配置、属性等信息。控制器常用的属性见表5-4。

表5-4　控制器常用的属性

属　　性	描　　述
Configuration	获取控制器配置
Connected	获取控制器连接状态
DateTime	获取/设置控制器的时间
EventLog	获取控制器的事件日志
FileSystem	获取控制器文件系统
IOSystem	获取控制器的 IOSystem
IPAddress	获取控制器的 IP 地址
IsMaster	获取当前 Mastership 状态
OperatingMode	获取控制器的当前操作模式
Rapid	获取控制器的 Rapid 域
SystemId	获取控制器当前系统的 ID

开发过程中，通过控制器的属性可以判断控制器状态，获取控制器信息，从而采取不同的操作。创建 Controller 对象的具体方法可参考第 5.4 小节。

5.1.3　系统资源访问权限

在 PC SDK 应用程序中，Mastership 是系统资源访问主控权限，在写入 Rapid 数据和写入 Configuration 数据等操作时需要请求该权限。用户需要主动请求该权限，并且在操作完成后释放。

出于安全考虑，同时为了保护数据不被意外覆盖，控制器资源必须一次由一个客户端控制，即只能有一个客户端可以运行命令或更改 Rapid 数据。

控制器访问权限分为只读访问权限和写访问权限两种。当客户机登录到控制器时，默认为只读访问权限，需要通过请求控制器资源的主控权限来获取写访问权限。控制器在不同工作模式下客户端获取权限的流程不同。

1）当控制器处于手动模式时，FlexPendant 具有优先写访问权限。除非操作员通过 FlexPendant 显示允许，否则主控权限不会提供给远程客户端。在任何时候，操作人员都可以通过单击 FlexPendant 来恢复写访问权限，如图 5-1 所示。

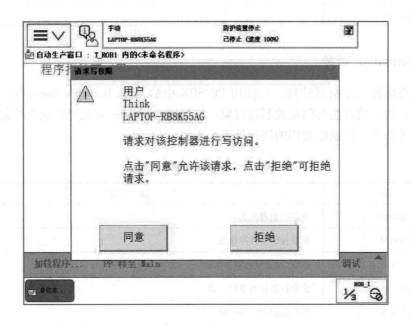

图 5-1　手动模式下请求主控权限

2）当控制器处于自动模式时，首先请求写访问的客户机将获得写访问权限，如图 5-2 所示。如果远程客户端已取得主控权限，则不允许其他远程客户端进行写访问，但如果继续尝试，将获得异常。对于操作者来说，没有办法撤销对 FlexPendant 的 Mastership，只能将控制器的操作模式切换到手动模式。

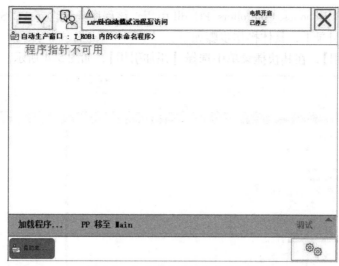

图 5-2　自动模式下请求主控权限

5.2 项目方案的建立

　　制作 PC SDK 应用程序的第一步需要建立项目方案。项目方案中包括各种资源和各种类库，也可以添加多个项目。项目之间可以相互调用，但同时只能存在一个活动项目，可以通过设置来选择哪个项目为活动项目。项目方案的建立步骤如下：

　　（1）添加窗体应用程序　打开 Visual Studio 2015，单击【文件】/【新建】/【项目】，弹出【新建项目】对话框。选择【.NET Framework 4.6.1】和【Windows 窗体应用程序】，修改名称为"RobotManager"，如图 5-3 所示。

图 5-3　新建项目

（2）添加 ABB. Robotics. Controllers. PC. dll 引用　该程序集包含了 PC SDK 的相关接口，位于 PC SDK 安装目录下，具体操作步骤如下：

1）右击【引用】，在其快捷菜单中选择【添加引用】，如图 5-4 所示。

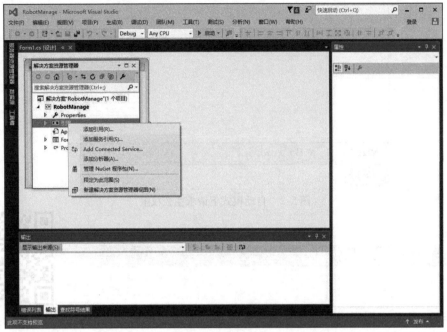

图 5-4　添加引用

2）在弹出的【引用管理器】中单击【浏览】按钮，选择安装目录下的 ABB. Robotics. Controllers. PC. dll 文件，单击【添加】按钮，如图 5-5 所示。

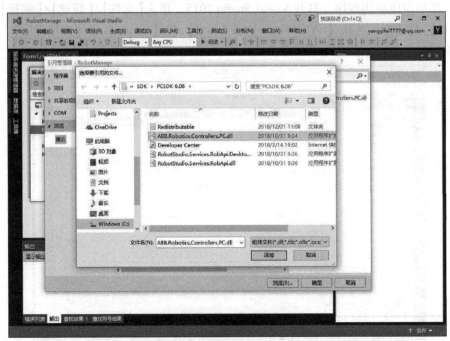

图 5-5　选择要引用的文件

（3）创建应用程序的用户界面

1）修改主窗体名称。单击 Form1 窗体，将窗体属性面板中的【Text】属性改为"RobotManager"，如图 5-6 所示。

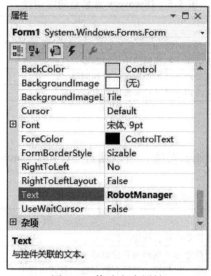

图 5-6 修改文本属性

2）添加 TabControl 控件。此步骤是为了在选项卡中插入控件，将控制器的功能分页展示。选择工具箱中的 TabControl 控件，将其拖拽至主窗体，如图 5-7 所示。

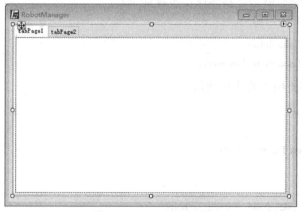

图 5-7 TabControl 控件

5.3 控制器的获取

扫码看视频

5.3.1 Discovery 命名空间

Discovery 命名空间位于 ABB. Robotics. Controllers 命名空间中。PC SDK 应用程序创建到控制器的连接需要使用 Discovery 命名空间的 Netscan 功能。首先打开 RobotStudio 软件启动控制器，然后创建 NetworkScanner 对象并执行扫描调用。

Discovery 命名空间用于检测控制器，获取控制信息以及监听控制器状态。Discovery 命名空间常用类见表 5-5。

表 5-5 Discovery 命名空间常用类

类　名	描　述
ControllerNotFoundException	当 NetworkScanner 找不到控制器时，该类就会引发异常
NetworkScanner	该类用于扫描网络中的控制器
NetworkWatcher	该类用于监控控制器活动的网络
NetworkWatcherEventArgs	该类用于描述控制器中的事件信息

5.3.2 控制器的扫描

访问控制器需要先获取控制器对象，可以通过 NetworkScanner 类进行扫描。控制器常用的获取方法见表 5-6。

表 5-6 控制器常用的获取方法

方　法	描　述
Find（Guid）	在网络中查找指定的控制器
GetControllers（）	以数组形式返回所有控制器
Scan	启动一次扫描，将所有控制器加载到内存中
TryFind（Guid，ControllerInfo）	在网络中查找指定的控制器，找到后返回 true

下面通过 Scan 方法找到网络上的所有控制器，并加载到 ControllerInfoCollection 集合中，该集合包含了所有控制器信息。具体操作步骤如下：

（1）添加命名空间

```
using ABB. Robotics. Controllers;
using ABB. Robotics. Controllers. Discovery;
```

（2）在类中声明要用到的成员变量

```
namespace RobotManage
{
    public partial class Form1 : Form
    {
        //扫描器
        private NetworkScanner scanner = null;
        //控制器的集合
        ControllerInfoCollection controllers = null;

        public Form1()
        {
            InitializeComponent();
        }
    }
}
```

（3）定义扫描控制器的方法

```
void ScanController( )
{
    //创建扫描器
    this. scanner = new NetworkScanner( );
    //启动一次扫描,将所有控制器加载到内存中
    this. scanner. Scan( );
    //获取找到的控制器的集合
    controllers = scanner. Controllers;
}
```

创建 scanner 扫描器，通过扫描器的 Scan 方法启动扫描，再通过 scanner 扫描器的 Controllers 属性获得控制器的集合。

5.4 控制器属性获取

扫码看视频

5.4.1 Controllers 命名空间

从控制器中获取属性，需要先打开 RobotStudio 软件启动控制器，再通过 PC SDK 应用程序创建到控制器的连接，然后就可以使用 ABB. Robotics. Controllers 命名空间的类和方法获取控制器属性了。

Controllers 命名空间包含了对控制器操作的各种类、参数结构、接口、委托事件以及枚举信息，如登录控制器、获得控制器属性等，常用类见表 5-7。

表 5-7　Controllers 命名空间常用类

类　名	描　述
Controller	该类是控制器上的任何操作的主要入口点
ControllerEventArgs	该类是来自控制器的所有事件标记的基类，因为它们总是包含事件的时间戳
ControllerFactory	该类是从 ControllerInfo 实例创建控制器实例的实用程序类
ControllerInfo	该类包含了关于控制器的"简单"信息，而无须连接控制器
ControllerInfoCollection	该类是 ControllerInfo 对象的集合

5.4.2 控制器信息显示

ControllerInfo 类包含了控制器的具体信息，通过该类可获取控制器的基本信息并在列表中显示。该操作需要用到 1 个 GroupBox 控件，代码中涉及的控件见表 5-8。

表 5-8　代码中涉及的控件

控　件	控件名称	描　述
ListView	listView1	用于显示控制器信息
Button	btn_scan	用于扫描控制器

103

具体操作步骤如下：

（1）修改选项卡

1）选中 tabControl1 控件，单击【属性】面板中的【TabPages】集合按钮，如图 5-8 所示。

2）将【tabPage1】的【Text】文本改为"属性获取"，如图 5-9 所示。

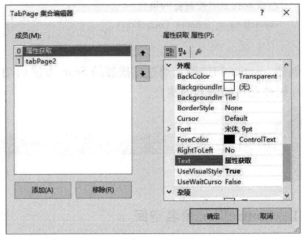

图 5-8　【属性】面板　　　　　　　　　　　　图 5-9　修改文本

3）修改后的选项卡如图 5-10 所示。

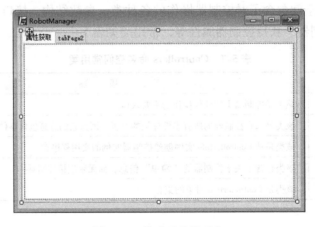

图 5-10　修改后的选项卡

（2）添加 ListView 控件

1）在【属性获取】选项卡中添加 ListView 控件，用于显示控制器的信息。选中 list-View1，修改其属性：【FullRowSelect】为"True"，【GridLines】为"True"，【View】为"Details"，如图 5-11 所示。

2）单击 listView1 属性面板中的【Columns】集合按钮，添加列（IP、可用性、系统、版本、控制器和登录状态）并调整列的宽度，如图 5-12 所示。

图 5-11　设置 listView1 属性

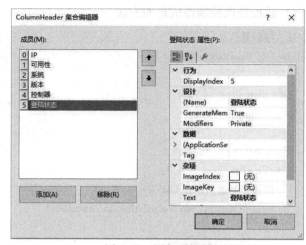

图 5-12　添加列标题

3）修改后的 ListView 控件如图 5-13 所示。

图 5-13　ListView 控件

（3）添加 GroupBox 控件和 Button 控件　将工具箱中的 GroupBox 控件和 Button 控件拖拽到主窗体中，设置 GroupBox 控件的【Text】属性为"控制器操作"，设置 Button 控件的【Text】属性为"扫描"，如图 5-14 所示。

图 5-14　添加控件

（4）添加获取控制器信息的方法

```
//显示控制器信息
private void ShowControllerInfo( )
{
    if (controllers == null)
        return;

    listView1. Items. Clear( );
    ListViewItem item = null;
    //添加控制器信息到 ListView
    foreach (ControllerInfo controllerInfo in controllers)
    {
        //添加控制器信息
        AddControlInfo(item, controllerInfo);
    }
}
//添加控制器信息
void AddControlInfo(ListViewItem item, ControllerInfo controllerInfo)
{
    item = new ListViewItem(controllerInfo. IPAddress. ToString( ));
    item. SubItems. Add(controllerInfo. Availability. ToString( ));
    item. SubItems. Add(controllerInfo. SystemName);
    item. SubItems. Add(controllerInfo. Version. ToString( ));
    item. SubItems. Add(controllerInfo. ControllerName);
    item. SubItems. Add("未登录");
    listView1. Items. Add(item);
    item. Tag = controllerInfo;
}
```

通过 ControllerInfo 类可以获取控制器的各种属性，然后添加到 ListView 控件中，同时将 controllerInfo 的引用添加至 item. Tag 中，使用户可以根据 item 获取 controllerInfo 对象。

（5）添加 Click 事件　双击"扫描"按钮，生成 Click 事件。首先调用扫描方法，然后调用显示控制器信息的方法，代码如下：

```
private void btn_scan_Click(object sender, EventArgs e)
{
    //扫描控制器
    ScanController( );
    //显示控制器信息
    ShowControllerInfo( );
}
```

（6）运行程序　首先在 RobotStudio 中启动控制器，然后单击 PC 应用程序中的"扫描"按钮，显示结果如图 5-15 所示。

图 5-15　运行结果

5.4.3　控制器的登录及注销

对控制器进行操作，需要登录控制器。首先通过 ControllerFactory 类的 CreateFrom 方法创建 Controller 实体，然后通过 Controller 实体调用 Logon 方法进行登录，最后调用 Logoff 方法进行注销。操作控制器的方法见表 5-9。

表 5-9　操作控制器的方法

方　　法	描　　述
Logoff	用于注销控制器
Logon	用于登录控制器
Dispose	用于释放控制器
ControllerFactory. CreateFrom	用于创建控制器

具体操作步骤如下：

（1）添加"登录"按钮（见图 5-16）

图 5-16　添加"登录"按钮

（2）声明控制器对象和系统名称

```
//控制器
private Controller controller = null;
```

（3）添加 Click 事件　双击"登录"按钮，生成 Click 事件并添加以下代码：

```
private void btn_logon_Click(object sender, EventArgs e)
{
    //判断有没有控制器
    if (listView1. SelectedItems. Count == 0)
        return;
    //获得选中项
    ListViewItem item = listView1. SelectedItems[0];
    if (item. Tag ! = null)
    {
        ControllerInfo controllerInfo = (ControllerInfo)item. Tag;
        //判断是否可用
        if (controllerInfo. Availability == ABB. Robotics. Controllers. Availability. Available)
        {
            //如果是已登录状态注销控制器
            if(item. SubItems[5]. Text == "已登录")
            {
                //注销
                ControlLogoff();
                item. SubItems[5]. Text = "未登录";
                btn_logon. Text = "登录";
                MessageBox. Show("注销成功");
            }
            else
            {
                int nRowOrders = listView1. Items. Count;//行数
                //注销未选中登录的控制器,状态改为未登录
                for (int nRowOrder = 0; nRowOrder < nRowOrders; nRowOrder ++)
                //遍历 listView1 的每一行
                {
                    ListViewItem lvi = listView1. Items[nRowOrder];
                    //如果是已登录注销
                    if (lvi. SubItems[5]. Text == "已登录")
                    {
                        lvi. SubItems[5]. Text = "未登录";
                        //注销
                        ControlLogoff();
                        break;
                    }
```

```
                    }
                    //登录
                    ControlLogon(controllerInfo);

                    MessageBox.Show("登录成功");
                    item.SubItems[5].Text = "已登录";
                    btn_logon.Text = "注销";
                }
            }
        }
    }
    //注销
    private void ControlLogoff()
    {
        if (this.controller != null)
        {
            this.controller.Logoff();
            this.controller.Dispose();
            this.controller = null;
        }
    }

    //登录
    private void ControlLogon(ControllerInfo controllerInfo)
    {
        //创建实体并登录
        this.controller = ControllerFactory.CreateFrom(controllerInfo);
        //传入此应用程序的默认用户登录
        this.controller.Logon(UserInfo.DefaultUser);
    }
```

单击按钮，根据 ListView 选中项获得控制器信息，如果控制器已登录，就注销；如果没有登录，则先把之前登录的控制器注销，再登录控制器。

（4）添加列表 Click 事件并添加代码

```
    //设置按钮文字
    private void listView1_Click(object sender, EventArgs e)
    {
        //判断有没有控制器
        if (listView1.SelectedItems.Count == 0)
            return;

        btn_logon.Enabled = true;
        //获得选中项
        ListViewItem item = listView1.SelectedItems[0];
```

```
    if   (item. SubItems[5]. Text  ==  "未登录")
    {
        btn_logon. Text  = "登录";
    }
    else
    {
        btn_logon. Text  = "注销";
    }
}
```

单击控制器的列表项，如果该控制器未登录，则设置按钮的 Text 属性为"登录"；如果已登录，则设置按钮的 Text 属性为"注销"。

（5）运行程序

1）启动控制器。在 RobotStudio 中启动两个控制器，单击"扫描"按钮，运行结果如图 5-17 所示。

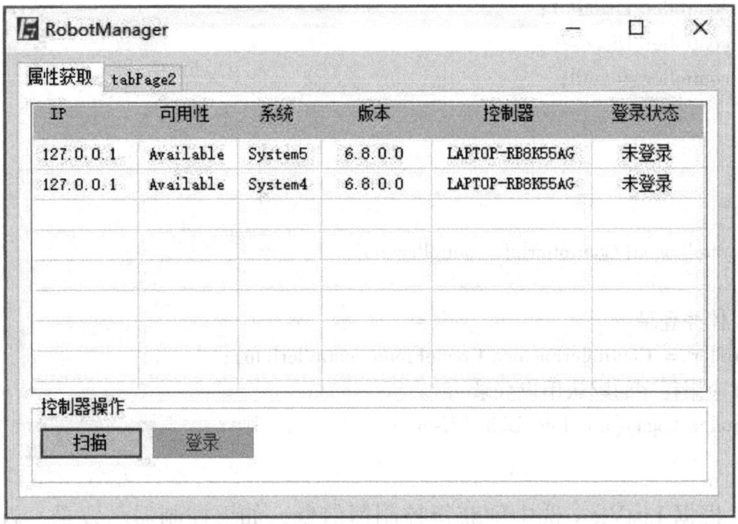

图 5-17 扫描控制器

2）选中第一个控制器，单击"登录"按钮，如图 5-18 所示。登录成功后登录状态变为"已登录"，"登录"按钮的 Text 属性变为"注销"。

3）选中第二个控制器，如图 5-19 所示。"登录"按钮的 Text 属性变回"登录"。

4）登录控制器。单击"登录"按钮，登录第二个控制器，如图 5-20 所示。第二个控制器登录成功，登录状态变为"已登录"，"登录"按钮的 Text 属性变为"注销"。第一个控制器取消登录，登录状态变为"未登录"。

5）注销控制器。选中已登录的控制器，单击"注销"按钮，如图 5-21 所示。"注销"按钮的 Text 属性变为"登录"，登录状态变为"未登录"。

图 5-18　登录控制器

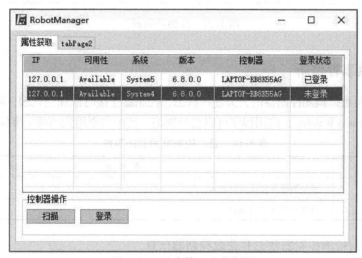

图 5-19　选中第二个控制器

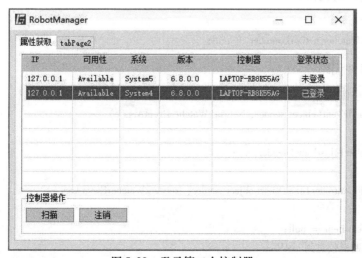

图 5-20　登录第二个控制器

图 5-21　注销控制器

5.4.4　控制器事件监听

对控制器监听可以检测控制器的丢失连接状态，控制器连接时添加到列表，断开时从列表移除。通过实现 NetworkWatcher，应用程序可以监控网络。其中主要用到的两个事件见表 5-10。

表 5-10　监听控制器用到的事件

事件	描　　述
Found	当控制器连接成功时触发
Lost	当控制器断开时触发

下面讲解如何检测控制器状态并获取控制器信息。

（1）声明网络监视器

```
//网络监视器
private NetworkWatcher networkwatcher = null;
```

（2）添加事件代码

```
//控制器连接事件
void HandleFoundEvent( object sender, NetworkWatcherEventArgs e)
{
    AddControllerToListView( sender, e);
}
private void AddControllerToListView( object sender, NetworkWatcherEventArgs e)
{
    ListViewItem item = null;
    //添加控制器信息到 ListView
    ControllerInfo continfo = e. Controller;
```

```
        //添加控制器信息
        AddControlInfo(item, continfo);
}
//控制器丢失事件
void HandleLostEvent(object sender, NetworkWatcherEventArgs e)
{
        //删除 ListView 某项
        ControllerInfo continfo = e. Controller;
        int nRowOrders = listView1. Items. Count;//行数
        for (int nRowOrder = 0; nRowOrder < nRowOrders; nRowOrder + +)
        //遍历 listView1 的每一行
        {
            ListViewItem lvi = listView1. Items[nRowOrder];
            if ((ControllerInfo)lvi. Tag == continfo)
            {
                listView1. Items[nRowOrder]. Remove();
                return;
            }
        }
}
```

控制器连接成功后会先触发 HandleFoundEvent 事件，然后通过 AddControllerToListView 方法将控制器信息添加到列表中。控制器断开时会触发 HandleLostEvent 事件，将控制器信息从列表中移除。

（3）创建 FormLoad 事件（见图 5-22）

图 5-22　FormLoad 事件

（4）添加订阅　将 NetworkWatcher 对象添加到 FormLoad 事件处理程序之后，向其关联的事件添加订阅。

```
private void FormLoad(object sender, EventArgs e)
{
    //创建监视器
    this.networkwatcher = new NetworkWatcher(scanner.Controllers);
    //订阅控制器连接事件
    this.networkwatcher.Found += new EventHandler<NetworkWatcherEventArgs>(HandleFoundEvent);
    //订阅控制器丢失事件
    this.networkwatcher.Lost += new EventHandler<NetworkWatcherEventArgs>(HandleLostEvent);
    //启用事件
    this.networkwatcher.EnableRaisingEvents = true;
}
```

（5）运行程序

1）首先运行 PC SDK 应用程序，监听日志事件，如图 5-23 所示。

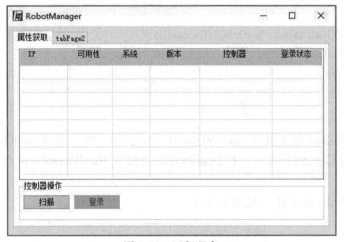

图 5-23　运行程序

2）启动控制器。在 RobotStudio 中启动一个控制器，如图 5-24 所示。

图 5-24　在 RobotStudio 中启动控制器

应用程序监听到 RobotStudio 启动控制器事件后，将启动成功的控制器信息添加到列表中。

3）关闭控制器。在 RobotStudio 中关闭控制器，如图 5-25 所示。

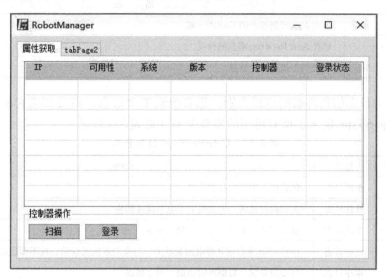

图 5-25 在 RobotStudio 中关闭控制器

应用程序监听到 RobotStudio 关闭控制器事件后，将关闭的控制器信息从列表中移除。

 ## 5.5 控制器日志管理

5.5.1 EventLogDomain 命名空间

扫码看视频

控制器日志记录了机器人控制器发生的事件、警告、错误，并给出相关提示信息，用于对机器人的维护与检修。控制器将日志消息分为三类，见表 5-11。

表 5-11 事件日志支持的类型

类 型	描 述
Information	用于将信息记录到事件日志中，但是不要求用户进行任何特别操作。这类信息不会在控制器的显示设备上占据焦点
Warning	用于提醒用户系统上发生了某些无须纠正的事件，操作会继续。这些消息会保存在事件日志中，但不会在显示设备上占据焦点
Error	用于表示系统出现了严重错误，操作停止。这些消息在需要用户立即采取行动时使用

事件日志中记录了控制器的操作、种类、事件和标题等信息，便于操作人员调试，快速找到问题。

EventLogDomain 命名空间主要用于管理日志信息，如读取日志、写入日志、监听日志等。常用类见表 5-12。

表 5-12　EventLogDomain 命名空间常用类

类　　名	描　　述
EventLog	该类表示控制器中的 EventLog 域
EventLogCategory	该类表示 EventLog 消息的种类
MessageWrittenEventArgs	该类用于描述日志信息

所有事件的日志信息都被组织成类别。想要搜索单个信息，需要知道它属于哪个类别。枚举类型 CategoryType 定义了所有可用的事件类型（见表 5-13）。

表 5-13　CategoryType 日志分类

索引	事件类型	描述	举例
0	Common	全部日志	包含所有类型的日志事件
1	Operational	操作日志	工作内存已满、电动机上下电、模式切换
2	System	系统日志	紧急停止、不允许命令、轴未校准
3	Hardware	硬件日志	DeviceNet 主控或从控电路板缺失、与安全系统无通信、找不到驱动单元固件文件
4	Program	程序日志	自变量错误、数据声明错误、指令错误
5	Motion	动作日志	关节超出范围、靠近奇点、位置超出范围

将 CategoryType 中的某个枚举值作为 EventLog 类下 GetCategory 方法的参数，然后使用该方法即可获得对应的 EventLogCategory 对象。

5.5.2　控制器日志读取

读取控制器事件的日志内容，可以先通过 GetCategory 方法或 Categories 属性（包含所有可用类别的数组）获得日志类别，然后遍历该类别的 EventLogMessageCollection 日志信息集合，从而获得 EventLogMessage 类的对象信息，通过该对象就可以获得日志的相关属性信息。

本节需要用到的方法见表 5-14。

表 5-14　读取日志用到的方法

方法	描述
GetCategories	该方法用于获取事件日志的可用类别
GetCategory	该方法用于获取指定的事件日志类别

下面讲解读取日志的详细操作。

1. 读取日志的操作方法

（1）修改选项卡

1）单击【TabPages】集合，将 "tabPage2" 的 Text 属性改为 "日志管理"，如图 5-26 所示。

2）修改后的选项卡如图 5-27 所示。

（2）在【日志管理】选项卡中创建控件

1）创建 2 个 GroupBox 控件和 1 个 Label 控件，代码中涉及的控件见表 5-15。

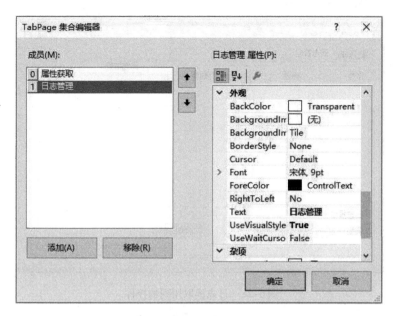

图 5-26　修改选项卡 Text 属性

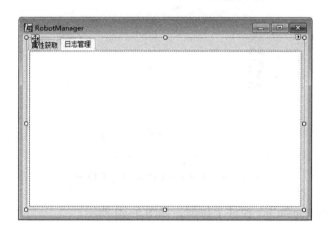

图 5-27　修改后的选项卡

表 5-15　日志读取用到的控件

控　　件	控件名称	描　　　述
ListView	listView2	用于显示信号的列表
Button	btn_readlog	用于读取日志信息
TextBox	tb_logmessage	用于显示日志内容
ComboBox	cb_logtype	用于显示日志类型

创建的控件如图 5-28 所示。

2）添加 ComboBox 控件下拉项。选中 ComboBox 控件，单击其属性面板中【items】属性的集合按钮，输入日志类型如图 5-29 所示。

图 5-28　日志读取用到的控件

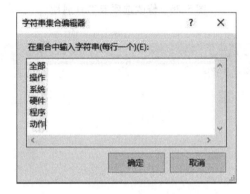

图 5-29　添加 ComboBox 控件下拉项

运行程序，单击 ComboBox 控件下拉框，如图 5-30 所示。

图 5-30　ComboBox 控件下拉框

2. 代码示例

（1）添加命名空间

```
using ABB. Robotics. Controllers. EventLogDomain;
```

（2）声明日志对象

```
//日志类
private EventLog log = null;
```

（3）设置 ComboBox 控件默认项　在 FormLoad 方法中添加以下代码：

```
cb_logtype. SelectedIndex = 0;
```

（4）添加 Click 事件　双击"读取日志"按钮生成 Click 事件并添加以下代码：

```
private void btn_readlog_Click(object sender, EventArgs e)
{
    listView2. Items. Clear();
    if (controller == null)
        return;

    log = controller. EventLog;
    int index = cb_logtype. SelectedIndex;
    //根据日志类型获得具体分类
    EventLogCategory cat;
    cat = log. GetCategory(index);
    tb_logmessage. Text = "";

    ListViewItem item = null;
    //获得日志信息并添加到 ListView
    foreach (EventLogMessage emsg in cat. Messages. Reverse())
    {
        AddControlLogInfo(item, emsg);
    }
}
//添加日志信息
void AddControlLogInfo(ListViewItem item, EventLogMessage emsg)
{
    //日志信息
    int SequenceNumber = emsg. SequenceNumber;
    DateTime Timestamp = emsg. Timestamp;
    string Title = emsg. Title;
    //添加到 ListView
    item = new ListViewItem(SequenceNumber. ToString());
    item. SubItems. Add(Title);
    item. SubItems. Add(Timestamp. ToString());
    listView2. Items. Add(item);
    item. Tag = emsg;
}
```

通过 EventLog 类的 GetCategory 方法可获得具体的 EventLogCategory 分类，然后遍历

EventLogCategory 类中的 Messages 集合以获得日志信息并添加到列表。

（5）添加列表的 Click 事件并添加代码

```
//单击显示日志内容
private void listView2_Click(object sender, EventArgs e)
{
    //判断有没有选中
    if (listView2. SelectedItems. Count == 0)
        return;
    //获得选中项
    ListViewItem item = this. listView2. SelectedItems[0];
    if (item. Tag != null)
    {
        EventLogMessage eventlogmess = (EventLogMessage)item. Tag;
        string body = eventlogmess. Body;
        string str = "";
        //解析日志内容
        int Index1 = body. IndexOf("<Description>") + 13;
        int Index2 = body. IndexOf("</Description>");
        if (Index1 != -1 && Index2 != -1)
        str += "描述:" + body. Substring(Index1, Index2 - Index1) + "\r\n\r\n";
        Index1 = body. IndexOf("<Consequences>") + 14;
        Index2 = body. IndexOf("</Consequences>");
        if (Index1 != -1 && Index2 != -1)
        str += "结果:" + body. Substring(Index1, Index2 - Index1) + "\r\n\r\n";
        Index1 = body. IndexOf("<Causes>") + 8;
        Index2 = body. IndexOf("</Causes>");
        if (Index1 != -1 && Index2 != -1)
        str += "可能原因:" + body. Substring(Index1, Index2 - Index1);
        tb_logmessage. Text = str;
    }
}
```

Body 属性获得的日志为 xml 格式，以"程序指针已经复位"日志为例，格式如下：

```
<Body>
<Title>程序指针已经复位</Title>
<Description>任务 T_ROB1 的程序指针已经复位。</Description>
<Consequences>
启动后，程序将在任务录入例行程序发出第一个指令时开始执行。请注意重新启动后机械手可能移动
到非预期位置！
</Consequences>
<Causes>操作人员可能已经手动请求了此动作。</Causes> <Actions/>
</Body>
```

其中：

➢ < Body > ... < /Body > ：日志内容。

➢ < Title > ... < /Title > ：日志标题。

➢ < Description > ... < /Description > ：日志描述。

➢ < Consequences > ... < /Consequences > ：日志结果。

➢ < Causes > ... < /Causes > ：日志可能原因。需要对日志描述、结果以及可能原因自行解析后再显示到文本框。

（6）运行程序

1）读取日志。登录控制器，选择日志的类型，单击"读取日志"按钮，运行结果如图5-31 所示。

图5-31　日志列表

2）显示日志内容。选中列表项，在 TextBox 文本框中将显示对应日志的详细信息，如图 5-32 所示。

图5-32　日志的详细信息

5.5.3 控制器日志事件监听

添加一个事件处理程序，在将新消息写入控制器事件日志时通知该处理程序。这是通过订阅 MessageWritten 日志事件消息来完成的。具体步骤如下：

（1）订阅日志事件 控制器登录成功后，订阅日志 MessageWritten 事件，代码如下：

```
//登录
private void ControlLogon(ControllerInfo controllerInfo)
{
    //创建实体并登录
    this. controller = ControllerFactory. CreateFrom(controllerInfo);
    //传入此应用程序的默认用户登录
    this. controller. Logon(UserInfo. DefaultUser);
    //日志对象赋值
    log = controller. EventLog;
    log. MessageWritten += new
    EventHandler < MessageWrittenEventArgs > (HandleMessageWriteEvent);
}
```

事件的参数类型为 MessageWrittenEventArgs，并具有一个 Message 属性，该属性保存了最新的事件日志消息。

（2）添加事件代码

```
//日志事件
void HandleMessageWriteEvent(object sender, MessageWrittenEventArgs e)
{
    this. Invoke(new EventHandler < MessageWrittenEventArgs > (log_MessageWritten),
    new Object[] { this, e });
}

private void log_MessageWritten(object sender, MessageWrittenEventArgs e)
{
    ListViewItem item = null;
    //新的日志信息
    EventLogMessage emsg = e. Message;
    AddControlLogInfo(item, emsg);
}
```

当有新的日志写入时，触发 HandleMessageWriteEvent 事件。如果 GUI 线程和控制器事件线程发生冲突，可能会发生死锁或覆盖数据，所以需要先调用 Invoke 方法强制切换线程，再调用 MessageWritten 方法获取新的日志信息并显示到列表中。

（3）运行程序

1）监听日志信息。运行应用程序，单击"登录"按钮登录控制器，切换到【日志管理】选项卡开始监听日志信息，如图 5-33 所示。

图 5-33　监听日志信息

2）显示日志信息。在 RobotStudio 中打开示教器并切换到手动模式，会产生日志事件，将对应的日志信息显示到列表中，如图 5-34 所示。

图 5-34　显示对应操作的日志信息

思　考　题

1. SERVICE 端口的客户端最大连接数量是多少个？
2. 什么时候需要请求 Mastership 权限？
3. 什么操作模式下会弹出请求写权限窗口？
4. 控制器的监听事件是什么？
5. 表示系统出现了严重错误的日志类型是什么？
6. 关节超出范围会引发哪个事件日志？
7. 日志内容是以什么格式存储的？

第 6 章　机器人 I/O 管理

本章要点

- 机器人 I/O 介绍。
- 机器人 I/O 获取。
- 机器人配置读写。

本章将介绍机器人 I/O 相关知识。通过对本章的学习，用户可以获取 I/O 信息，读写 I/O 配置文件。

6.1 机器人 I/O 简介

机器人系统使用输入信号和输出信号来控制过程。信号可以是数字、模拟或组合信号类型。这样的 I/O 信号可以使用 SDK 访问。

机器人系统中的信号变化往往是显著的。在许多情况下，系统的终端用户需要得到信号变化的通知。

扫码看视频

6.1.1 机器人 I/O 参数

ABB 标准 I/O 板安装完成后，需要对各信号进行一系列设置才能在软件中使用，设置的过程称为 I/O 配置。I/O 配置分为两个过程：一是将 I/O 板添加到 DeviceNet 总线上，二是映射 I/O。

在 DeviceNet 总线上添加 I/O 板时，需要配置部分必要项，如图 6-1 所示。

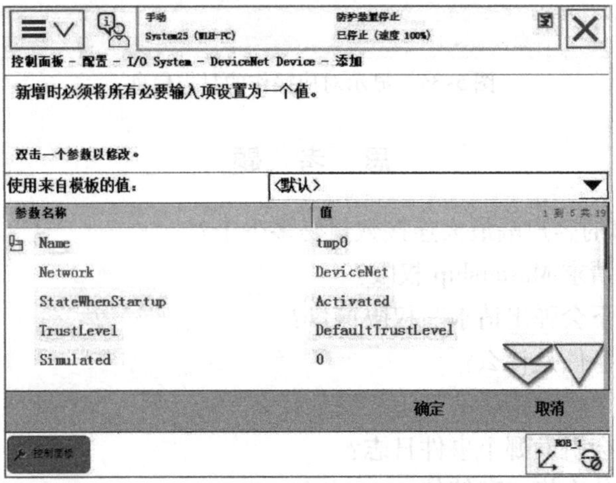

图 6-1　添加 I/O 板配置项

I/O 板配置项见表6-1。

表6-1　I/O 板配置项

图　例	说　明
Name	设置 I/O 装置名称（必设项）
Network	设置 I/O 装置实际连接的工业网络
StateWhenStartup	设置 I/O 装置在系统重启后的逻辑状态
TrustLevel	设置 I/O 装置在控制器错误情况下的行为
Simulated	指定是否对 I/O 装置进行仿真
VendorName	设置 I/O 装置制造商名称
ProductName	设置 I/O 装置产品名称
RecoveryTime	设置工业网络恢复丢失 I/O 装置的时间间隔
Label	设置 I/O 装置标签
Address	设置 I/O 装置地址（必设项）
Vendor ID	设置 I/O 装置制造商 ID
Product Code	设置 I/O 装置产品代码
Device Type	设置 I/O 装置设备类型
Production Inhibit Time (ms)	设置 I/O 装置滤波时间
ConnectionType	设置 I/O 装置连接类型
PollRate	设置 I/O 装置采样频率
Connection Output Size (bytes)	设置 I/O 装置输出缓冲区大小
Connection Input Size (bytes)	设置 I/O 装置输入缓冲区大小
Quick Connect	指定 I/O 装置是否激活快速连接

125

在映射 I/O 信号时，需要配置部分必要项，如图6-2 所示。

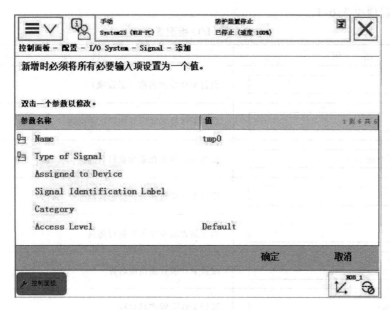

图6-2 映射 I/O 信号时的配置项

I/O 信号配置项见表6-2。

表6-2 I/O 信号配置项

图 例	说 明
Name	设置 I/O 信号名称（必设项）
Type of Signal	设置 I/O 信号类型（必设项）
Assigned to Device	设置 I/O 信号所连接的 I/O 装置（必设项）
Signal Identification Label	设置 I/O 信号标签
Device Mapping	设置 I/O 引脚地址
Category	设置 I/O 信号类别
Access Level	设置 I/O 信号权限等级

机器人 I/O 访问权限（Access Level）一共分为 3 种：所有权限（ALL）。默认权限（Default）和只读权限（ReadOnly）。如果要修改信号值，需要设为 ALL。

6.1.2 IOSystemDomain 命名空间

IOSystemDomain 命名空间位于 ABB. Robotics. Controllers 命名空间中，用于获取信号、监听 I/O 事件等。IOSystemDomain 命名空间常用类见表6-3。

表 6-3　IOSystemDomain 命名空间常用类

类　　名	描　　述
AnalogSignal	该类表示模拟信号
DigitalSignal	该类表示数字信号
GroupSignal	该类表示组信号
IOSystem	该类表示机器人控制器的 IOSystem 域
Signal	该类表示 I/O 信号
SignalChangedEventArgs	该类提供更改事件的数据
SignalCollection	该类表示信号对象的集合
UnitStateChangedEventArgs	该类提供状态更改事件的数据

 **6.2** **I/O 状态管理**

6.2.1　单个 I/O 获取

扫码看视频

处理信号通过控制器对象及其属性 IOSystem 完成，其中 IOSystem 表示机器人控制器中的 I/O 信号空间。本节需要用到 GetSignal 方法，其用于返回一个信号对象，SignalState 结构体用于表示信号的当前状态。

1. 获取单个信号的方法

（1）创建选项卡

1）单击【TabPages】的集合按钮，创建一个【信号管理】选项卡，如图 6-3 所示。

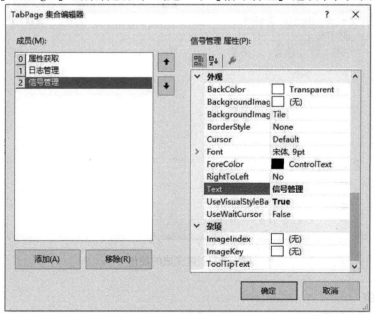

图 6-3　创建选项卡

2）创建的【信号管理】选项卡如图 6-4 所示。

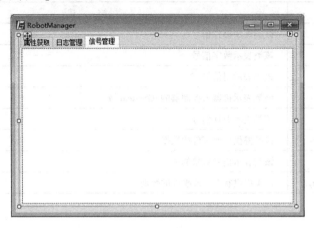

图 6-4　【信号管理】选项卡

（2）在选项卡中创建控件　需要创建 2 个 GroupBox 控件和 1 个 Label 控件。获取单个信号涉及的控件见表 6-4。

表 6-4　获取单个信号涉及的控件

控　件	控件名称	描　　述
ListView	listView3	用于显示信号的列表
Button	btn_getsig	用于获取单个信号
TextBox	tb_signame	用于输入信号名称

创建完成的控件如图 6-5 所示。

图 6-5　创建完成的控件

2. 代码示例
（1）添加命名空间

```
using ABB. Robotics. Controllers. IOSystemDomain;
```

（2）声明信号对象

```
private Signal signal1 = null;
```

（3）添加 Click 事件　双击"获取"按钮生成 Click 事件，并插入代码如下：

```
private void btn_getsig_Click( object sender, EventArgs e)
{
    listView3. Items. Clear( );
    if ( controller == null)
        return;
    //获得信号
    string signame = tb_signame. Text;
    if ( signame == "")
        return;
    signal1 = controller. IOSystem. GetSignal( signame);
    if ( signal1 == null)
        return;
    string name = "";
    SignalType type = 0;
    float value = 0;
    name = signal1. Name;
    type = signal1. Type;
    value = signal1. Value;
    ListViewItem item = null;
    item = new ListViewItem( name);
    item. SubItems. Add( type. ToString( ));
    item. SubItems. Add( value. ToString( ));
    listView3. Items. Add( item);
    item. Tag = signal1;
}
```

通过 GetSignal 方法获得 Signal 对象，然后就可以获取 SignalType 类型，再根据对应的类型创建对应的信号对象，从而获得信号的属性并添加到列表中。

（4）在 RobotStudio 中创建信号（见图 6-6）

（5）获取单个信号　登录控制器，在 tb_signame 文本框中输入信号名，单击"获取"按钮，运行结果如图 6-7 所示。

6.2.2　I/O 列表获取

获取信号列表可以使用信号过滤器来获取信号集合，而不是一次只获取一个信号。一些 SignalFilter 标志是互斥的，如 SignalFilter. Analog、SignalFilter. Digital 和 SignalFilter. Group，以及 SignalFilter. Output 和 SignalFilter. Input。

具体步骤如下：

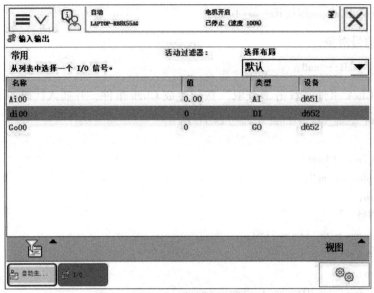

图 6-6　常用信号列表

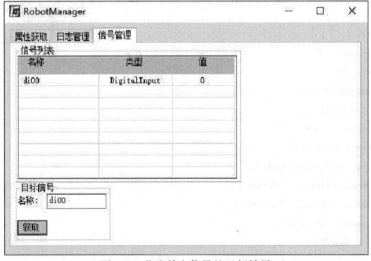

图 6-7　获取单个信号的运行结果

（1）创建控件　获取信号列表需要用到 1 个 GroupBox 控件，代码中用到的控件见表 6-5。

表 6-5　获取信号列表时用到的控件

控　件	控件名称	描　　述
CkeckBox	cb_all	用于选择全部信号
	cb_digital	用于选择数字信号
	cb_analog	用于选择模拟信号
	cb_group	用于选择组合信号
	cb_input	用于选择输入信号
	cb_output	用于选择输出信号
	cb_unit	用于选择单元信号
	cb_common	用于选择常用信号
Button	btn_getsiglist	用于获取信号列表

创建完成的控件如图 6-8 所示。

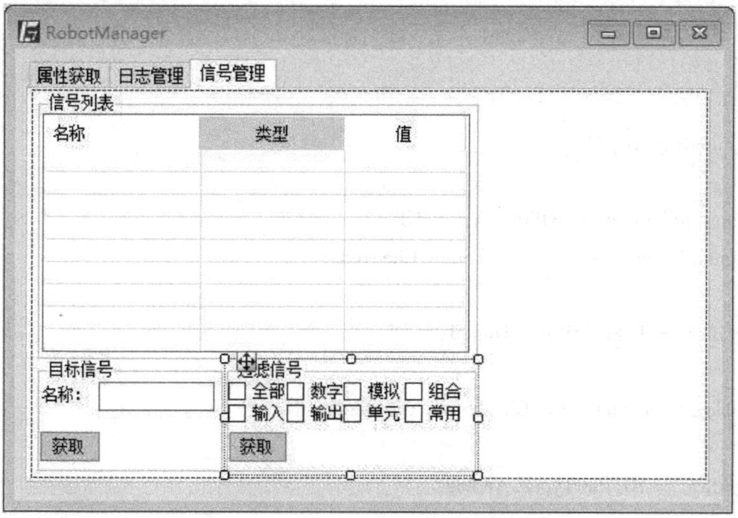

图 6-8 创建完成的控件

（2）添加 Click 事件 双击"获取"按钮生成 Click 事件并插入代码如下：

```csharp
//获取信号列表
private void btn_getsiglist_Click(object sender, EventArgs e)
{
    listView3. Items. Clear();
    if (controller == null)
        return;
    //过滤信号
    IOFilterTypes aSigFilter = FilterSignal();
    //通过过滤器获得信号集合
    SignalCollection signals =
        controller. IOSystem. GetSignals(aSigFilter);
    ListViewItem item = null;
    //遍历信号集合
    foreach (Signal signal in signals)
    {
        item = new ListViewItem(signal. Name);
        //item. SubItems. Add(signal. State. ToString());
        item. SubItems. Add(signal. Type. ToString());
        item. SubItems. Add(signal. Value. ToString());
        listView3. Items. Add(item);
        item. Tag = signal;
    }
    //释放信号
    foreach (Signal signal in signals)
    {
```

```
                    signal. Dispose( ) ;
            }
    }
    //过滤信号
    IOFilterTypes FilterSignal( )
    {
        IOFilterTypes aSigFilter = IOFilterTypes. All;
        if ( cb_digital. CheckState == CheckState. Checked)
        {
            aSigFilter |= IOFilterTypes. Digital;
        }
        if ( cb_analog. CheckState == CheckState. Checked)
        {
            aSigFilter |= IOFilterTypes. Analog;
        }
        if ( cb_group. CheckState == CheckState. Checked)
        {
            aSigFilter |= IOFilterTypes. Group;
        }
        if ( cb_input. CheckState == CheckState. Checked)
        {
            aSigFilter |= IOFilterTypes. Input;
        }
        if ( cb_output. CheckState == CheckState. Checked)
        {
            aSigFilter |= IOFilterTypes. Output;
        }
        if ( cb_unit. CheckState == CheckState. Checked)
        {
            aSigFilter |= IOFilterTypes. Unit;
        }
        if ( cb_common. CheckState == CheckState. Checked)
        {
            aSigFilter |= IOFilterTypes. Common;
        }

        return aSigFilter;
    }
    private void cb_CheckedChanged( object sender, EventArgs e)
    {
        CheckBox checkbox = ( CheckBox) sender;
        string strname = checkbox. Name;
```

```
        //全部信号与其他信号不同时勾选
        if ( strname  ==  "cb_all" )
        {
            if ( checkbox. CheckState  ==  CheckState. Checked )
            {
                cb_digital. CheckState  =  CheckState. Unchecked;
                cb_analog. CheckState  =  CheckState. Unchecked;
                cb_group. CheckState  =  CheckState. Unchecked;
                cb_input. CheckState  =  CheckState. Unchecked;
                cb_output. CheckState  =  CheckState. Unchecked;
                cb_unit. CheckState  =  CheckState. Unchecked;
                cb_common. CheckState  =  CheckState. Unchecked;
            }
        }
        else
        {
            if ( checkbox. CheckState  ==  CheckState. Checked )
            {
                cb_all. CheckState  =  CheckState. Unchecked;
            }
        }
    }
    private void FormLoad( object sender,  EventArgs e )
    {
        //创建监视器
        this. networkwatcher  =  new NetworkWatcher( scanner. Controllers );
        //订阅控制器连接事件
        this. networkwatcher. Found  +=  new EventHandler < NetworkWatcherEventArgs > ( HandleFoundEvent );
        //订阅控制器丢失事件
        this. networkwatcher. Lost  +=  new EventHandler < NetworkWatcherEventArgs > ( HandleLostEvent );
        //启用事件
        this. networkwatcher. EnableRaisingEvents  =  true;
        //默认勾选全部信号复选按钮
        cb_all. CheckState  =  CheckState. Checked;
    }
```

在 FormLoad 事件中将 "全部" 信号复选按钮设置为勾选状态。通过 FilterSignal 方法根据选中项对信号进行过滤, 根据过滤后的值获得信号集合, 然后遍历集合获得信号信息并添加到列表。

（3）获取信号列表　登录控制器, 勾选 "过滤信号" 中的复选按钮, 单击 "获取" 按钮, 运行结果如图 6-9 所示。

133

图 6-9　获取信号列表运行结果

 **I/O 配置**

6.3.1　I/O 配置文件

扫码看视频

　　配置域名称空间允许访问控制器的配置数据库。使用此域，可以将配置参数的值读取或写入控制器的配置数据库。当登录到控制器时，可以具有只读访问权限或写访问权限。只读是默认的访问权限。为了获得写访问权限，客户端需要请求它想要操作的控制器资源的主控权限。要写入配置域，客户端需要请求控制器资源配置的主控权限。ABB. Robotics. Controllers. ConfigurationDomain 命名空间包含了用于处理机器人控制器配置的类。

　　配置文件是列出系统参数值的文本文件，见表 6-6。

表 6-6　控制器配置文件

配置文件	描　　述
SIO. cfg	串行通道和文件传输协议通信配置
SYS. cfg	安全和 RAPID 指定的特定控制器功能配置
EIO. cfg	I/O 板和信号 I/O 配置
MMC. cfg	工作系统人机通信配置
MOC. cfg	机器人和外部轴运动配置
PROC. cfg	处理特定的工具和设备配置

6.3.2　ConfigurationDomain 命名空间

　　ConfigurationDomain 命名空间用于访问配置文件，对 I/O 配置进行读写操作，常用类见

表6-7。

表6-7 ConfigurationDomain 命名空间常用类

类 名	描 述
Attribute	该类包含配置域属性的描述，其不能用于读取/写入属性的值。要读取/写入属性值，可分别使用实例类的 GetAttribute（）和 SetAttribute（）方法
AttributeCollection	该类表示属性集合的摘要描述
ConfigurationDatabase	该类用于配置管理的主类
Domain	该类是配置域的主接口，需要特别许可证
DomainCollection	该类表示 CfgDomain 对象的集合
Type	该类包含配置类型的抽象

6.3.3 I/O 配置读写

要读取和写入机器人控制器的配置类型和属性，需要访问配置数据库。访问数据库可以通过 ConfigurationDatabase 类的 Read 和 Write 方法进行操作。

本节用到的方法见表6-8。

表6-8 访问数据库的方法

方 法	描 述
Read	用于读取路径定位的值
Write	用于将值写入指定路径

I/O 配置的读写需要用到 1 个 GroupBox 控件和 5 个 Label 控件，代码中用到的控件见表 6-9。

表6-9 读写 I/O 配置用到的控件

控 件	控件名称	描 述
TextBox	tb_sigtype	用于显示或输入信号类型
	tb_sigassign	用于显示或输入信号设备
	tb_map	用于显示或输入引脚地址
	tb_access	用于显示或输入访问权限
	tb_default	用于显示或输入默认数值
Button	btn_modifycfg	用于修改配置

创建完成的控件如图 6-10 所示。

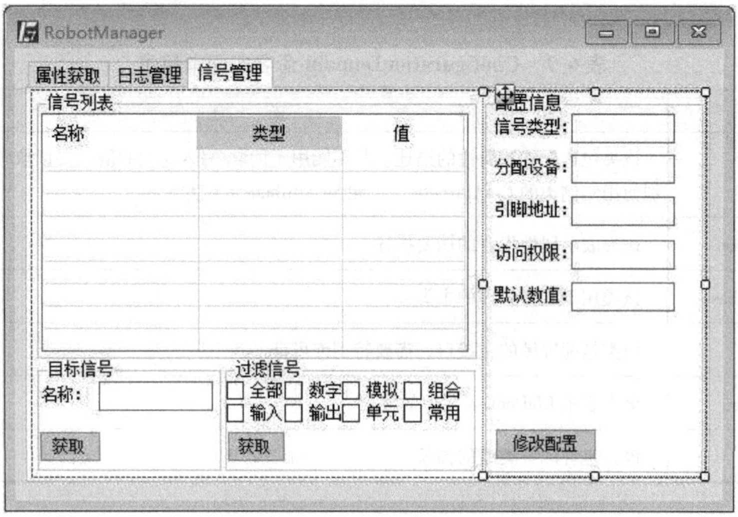

图 6-10　创建完成的控件

具体步骤如下：

（1）添加 ConfigurationDomain 命名空间

```
using ABB. Robotics. Controllers. ConfigurationDomain;
```

（2）声明信号名

```
//信号名
string g_signame;
```

（3）生成 listView3 的 Click 事件并添加代码

```
//得到配置
private void listView3_Click(object sender, EventArgs e)
{
    //判断有没有选中
    if (listView3. SelectedItems. Count == 0)
        return;
    //获得选中项
    ListViewItem item = listView3. SelectedItems[0];
    if (item. Tag != null)
    {
        Signal sif = (Signal)item. Tag;
        //得到信号配置
        GetSigConfig(sif. Name);
    }
}
//得到信号配置
void GetSigConfig(string signame)
{
    //信号域
```

```
        Domain  domain  =  controller. Configuration. Domains [ controller. Configuration. Domains. IndexOf
("EIO")];
        //信号类别
        ABB. Robotics. Controllers. ConfigurationDomain. Type t = domain. Types[ domain. Types. IndexOf("EIO_
SIGNAL")];
        Instance objInstance = t[signame];
        if (objInstance == null)
            return;

        object sigtype = objInstance. GetAttribute("SignalType");
        object device = objInstance. GetAttribute("Device");
        object devicemap = objInstance. GetAttribute("DeviceMap");
        object access = objInstance. GetAttribute("Access");
        object deft = objInstance. GetAttribute("Default");
        tb_sigtype. Text = sigtype. ToString();
        tb_sigassign. Text = device. ToString();
        tb_map. Text = devicemap. ToString();
        tb_access. Text = access. ToString();
        tb_default. Text = deft. ToString();
        g_signame = signame;
        //将"修改配置"按钮设置为激活状态
        btn_modifycfg. Enabled = true;
    }
    private void FormLoad(object sender, EventArgs e)
    {
        //创建监视器
        this. networkwatcher = new NetworkWatcher( scanner. Controllers);
        //订阅控制器连接事件
        this. networkwatcher. Found += new EventHandler < NetworkWatcherEventArgs > ( HandleFoundEvent);
        //订阅控制器丢失事件
        this. networkwatcher. Lost += new EventHandler < NetworkWatcherEventArgs > ( HandleLostEvent);
        //启用事件
        this. networkwatcher. EnableRaisingEvents = true;
        //默认勾选全部信号复选按钮
        cb_all. CheckState = CheckState. Checked;
        //将"修改配置"按钮设置为未激活状态
        btn_modifycfg. Enabled = false;
    }
```

在 FormLoad 事件中将"修改配置"按钮设置为未激活状态。选中项，首先通过 Configu-rationDatabase 下的 Domains 属性获得 Domain 对象，然后通过 Domain 对象下的 Type 属性获得具体的信号类别，再根据信号名获得信号类别下的 Instance 对象，最后调用 Instance 对象的 GetAttribute 方法获得对应的属性值，并将"修改配置"按钮设置为激活状态。

（4）添加 Click 事件　双击"修改配置"按钮并添加代码如下：

```csharp
//写入配置
private void btn_modifycfg_Click(object sender, EventArgs e)
{
    WriteConfig();
}
//写入配置
void WriteConfig()
{
    ConfigurationDatabase cfg = controller. Configuration;
    Mastership master = null;
    try
    {
        string[] path = { "EIO", "EIO_SIGNAL", g_signame, "SignalType" };
        string[] path2 = { "EIO", "EIO_SIGNAL", g_signame, "Device" };
        string[] path3 = { "EIO", "EIO_SIGNAL", g_signame, "DeviceMap" };
        string[] path4 = { "EIO", "EIO_SIGNAL", g_signame, "Access" };
        string[] path5 = { "EIO", "EIO_SIGNAL", g_signame, "Default" };
        string data = cfg. Read(path);

        master = Mastership. Request(controller. Configuration);
        cfg. Write(tb_sigtype. Text, path);
        cfg. Write(tb_sigassign. Text, path2);
        cfg. Write(tb_map. Text, path3);
        cfg. Write(tb_access. Text, path4);
        cfg. Write(tb_default. Text, path5);
    }
    catch (System. InvalidOperationException ex)
    {
        MessageBox. Show("主控权限由另一个客户持有。");
    }
    catch (System. Exception ex)
    {
        // TODO：Add error handling
        MessageBox. Show("此信号不允许修改");
    }
    finally
    {
        //若在执行写操作时发生错误,必须释放 mastership
        if (master != null)
        {
            master. Dispose();
```

```
                master = null;
            }
        }
    }
```

通过调用 ConfigurationDatabase 对象的 Write 方法写入配置，该方法的第一个参数是要写入的值，第二个参数需要传入修改属性的路径。写入配置时需要请求 Configuration 的主控权限。

（5）读取配置 单击信号列表中对应的信号可获得配置信息，如图 6-11 所示。

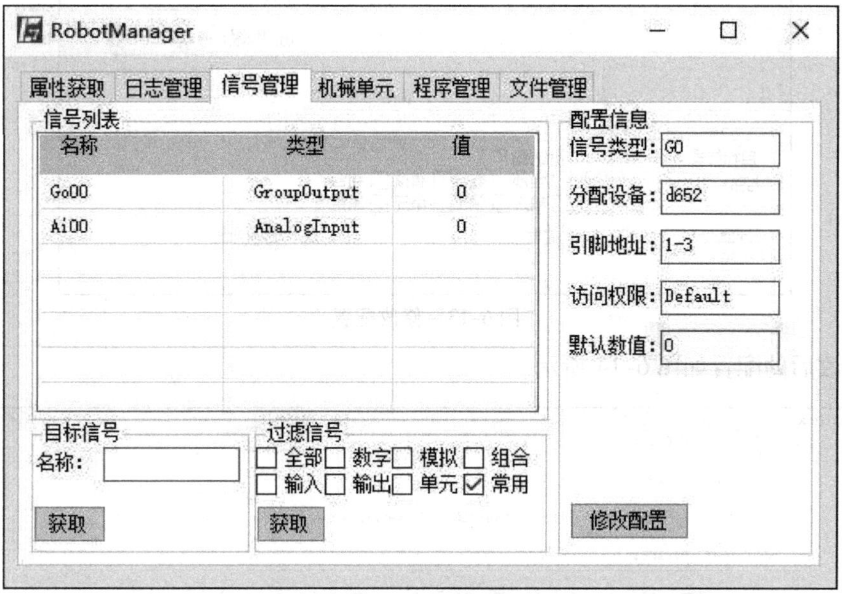

图 6-11 读取配置信息

（6）写入配置

1）修改前的 EIO. cfg 配置如图 6-12 所示。

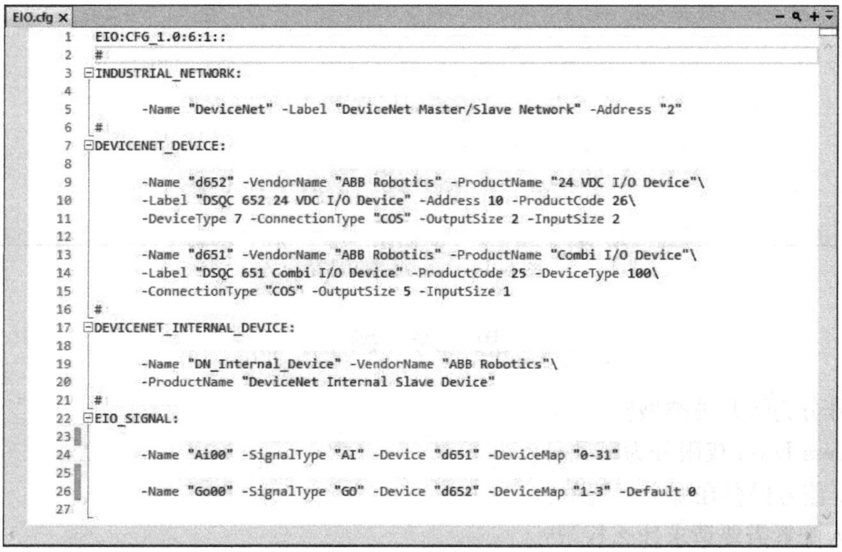

```
EIO:CFG_1.0:6:1::
#
INDUSTRIAL_NETWORK:

      -Name "DeviceNet" -Label "DeviceNet Master/Slave Network" -Address "2"
#
DEVICENET_DEVICE:

      -Name "d652" -VendorName "ABB Robotics" -ProductName "24 VDC I/O Device"\
      -Label "DSQC 652 24 VDC I/O Device" -Address 10 -ProductCode 26\
      -DeviceType 7 -ConnectionType "COS" -OutputSize 2 -InputSize 2

      -Name "d651" -VendorName "ABB Robotics" -ProductName "Combi I/O Device"\
      -Label "DSQC 651 Combi I/O Device" -ProductCode 25 -DeviceType 100\
      -ConnectionType "COS" -OutputSize 5 -InputSize 1
#
DEVICENET_INTERNAL_DEVICE:

      -Name "DN_Internal_Device" -VendorName "ABB Robotics"\
      -ProductName "DeviceNet Internal Slave Device"
#
EIO_SIGNAL:

      -Name "Ai00" -SignalType "AI" -Device "d651" -DeviceMap "0-31"

      -Name "Go00" -SignalType "GO" -Device "d652" -DeviceMap "1-3" -Default 0

```

图 6-12 修改前的配置

2）选中 GoOO 信号，在"配置信息"文本框中填入需要写入的值，将 GoOO 的默认数值改为"3"，单击"修改配置"按钮，如图 6-13 所示。

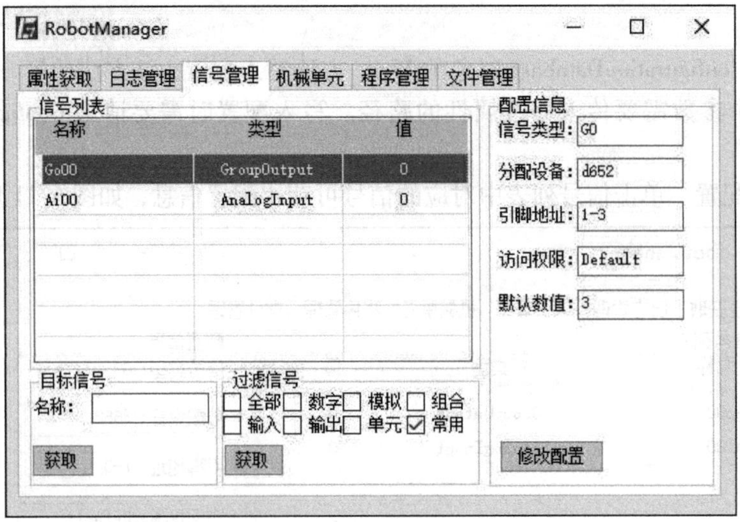

图 6-13 修改配置

3）修改后的配置如图 6-14 所示。

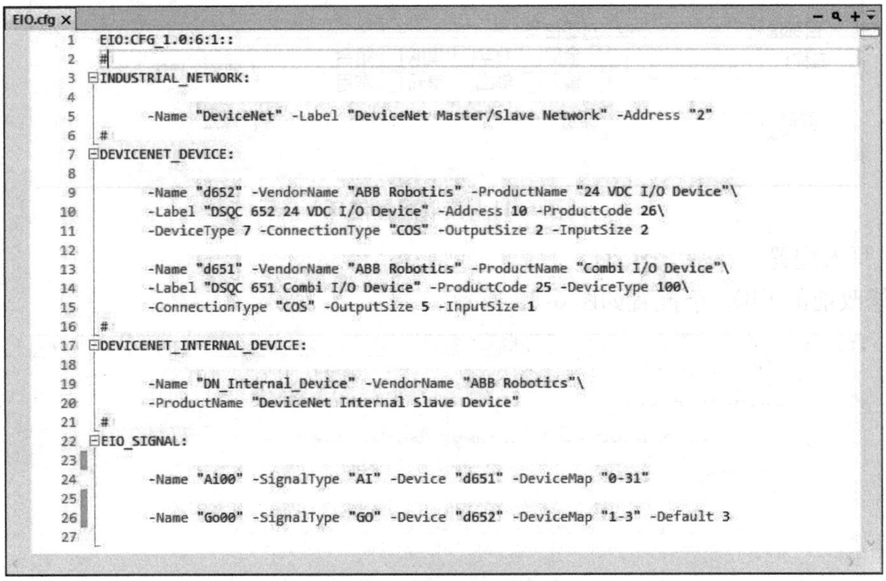

图 6-14 修改后的配置

思 考 题

1. 信号分为哪几种类型?
2. Access Level 权限分为哪几种?
3. I/O 信号保存在哪个配置中?
4. 写入配置需要请求什么权限?

第 7 章　机器人机械单元获取

本章要点
- 机械单元介绍。
- 获取机械单元属性。
- 监控机器人三维模型。

本章将介绍机器人机械单元相关知识。通过对本章的学习，用户可以实时监控机器人的位置以及三维仿真模型。

 7.1　机器人机械单元介绍

7.1.1　机械单元常用参数

扫码看视频

机械单元有许多可用的属性，如名称、模型、数字轴、串行数、坐标系统、动作模式、被校准的工具和工作对象等，也可以将机械单元的当前位置作为 RobTarget 或 JointTarget。

7.1.2　MotionDomain 命名空间

MotionDomain 命名空间位于 ABB. Robotics. Controllers 命名空间中，用于定义坐标系，获取机械单元属性、当前位置等。MotionDomain 命名空间常用类见表 7-1。

表 7-1　MotionDomain 命名空间常用类

类　名	描　述
MechanicalUnit	用于定义一个机械单元对象
MechanicalUnitCollection	用于表示机械单元的集合
MotionSystem	用于表示运动域的主要入口点
Tool	用于定义一个工具对象
WorkObject	用于定义一个工件对象

 7.2　机器人机械单元参数获取

7.2.1　机械单元属性获取

扫码看视频

通过 MechanicalUnit 类可以获得机械单元属性，如单元名称、工具坐标、工件坐标等。

1. 获取机械单元属性的操作步骤

（1）创建选项卡

1）单击【TabPages】集合按钮，创建【机械单元】选项卡，如图7-1所示。

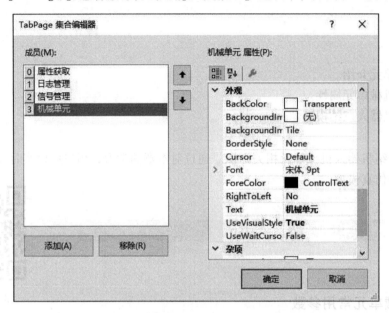

图7-1　创建【机械单元】选项卡

2）创建的【机械单元】选项卡如图7-2所示。

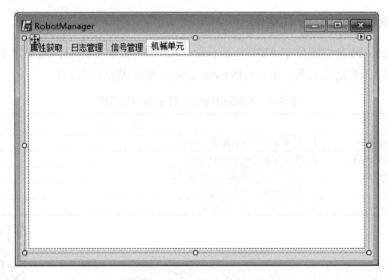

图7-2　【机械单元】选项卡

（2）在选项卡中创建控件　需要创建1个GroupBox控件和4个Label控件。获取机械单元属性用到的控件见表7-2。

表7-2 获取机械单元属性用到的控件

控 件	控件名称	描 述
Label	lb_mechunit	用于显示机械单元
	lb_unittask	用于显示单元任务
	lb_tool	用于显示工具坐标
	lb_work	用于显示工件坐标

创建完成的控件如图7-3所示。

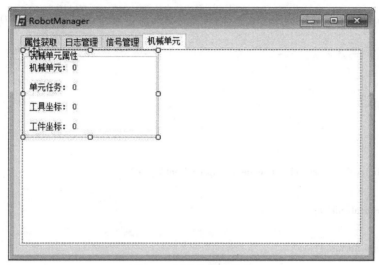

图7-3 创建完成的控件

2. 代码示例

（1）添加命名空间

```
using ABB. Robotics. Controllers. MotionDomain;
using System. Timers;
using ABB. Robotics. Controllers. RapidDomain;
```

（2）声明机械单元对象

```
//机械单元
MechanicalUnit aMechUnit;
```

（3）创建定时器 创建一个定时器，用于实时地获取机器人属性和位置信息。

```
//实例化 Timer 类
System. Timers. Timer aTimer = new System. Timers. Timer();
```

（4）获取机器人属性 登录成功时订阅定时器事件监控机器人属性，代码如下：

```
void SetTimerParam()
{
    //到时间的时候执行事件
    aTimer. Elapsed += new ElapsedEventHandler( RefreshMechUnitEvent);
    aTimer. Interval = 1000;
    aTimer. AutoReset = true;//执行一次 false,一直执行 true
```

```
        //是否执行 System. Timers. Timer. Elapsed 事件
        aTimer. Enabled = true;
    }
    private void RefreshMechUnitEvent(object source, System. Timers. ElapsedEventArgs e)
    {
        try
        {
            this. Invoke(new EventHandler < ElapsedEventArgs > (RefreshMechUnit), new Object[ ] { this,
e });
        }
        catch
        {
        }
    }

    private void RefreshMechUnit(object sender, ElapsedEventArgs e)
    {
        GetMechanicalUnit();
    }
    void GetMechanicalUnit()
    {
        if (controller == null)
        {
            aTimer. Stop();
            return;
        }
        //获取当前活动的机械单元
        aMechUnit = controller. MotionSystem. ActiveMechanicalUnit;
        //获取机器人属性
        GetRobotProp(aMechUnit);
    }
    //获取机器人属性
    void GetRobotProp(MechanicalUnit aMechUnit)
    {
        try
        {
            //获取属性
            string strName = aMechUnit. Name;
            Task strTask = aMechUnit. Task;
            Tool strTool = aMechUnit. Tool;
            WorkObject strWorkObject = aMechUnit. WorkObject;
            lb_mechunit. Text = strName;
```

```
            lb_unittask. Text = strTask. ToString( );
            lb_tool. Text = strTool. ToString( );
            lb_work. Text = strWorkObject. ToString( );
        }
    }
    //登录
    private void ControlLogon( ControllerInfo controllerInfo )
    {
        //创建实体并登录
        this. controller = ControllerFactory. CreateFrom( controllerInfo );
        //传入此应用程序的默认用户登录
        this. controller. Logon( UserInfo. DefaultUser );

        log = controller. EventLog;
        log. MessageWritten += new EventHandler < MessageWrittenEventArgs > ( HandleMessageWriteEvent );
        //设置定时器
        SetTimerParam( );
    }
```

登录成功时，调用 SetTimerParam 方法注册 RefreshMechUnitEvent 事件并设置定时器，实时获取机械单元、单元任务、工具坐标和工件坐标，如图 7-4 所示。

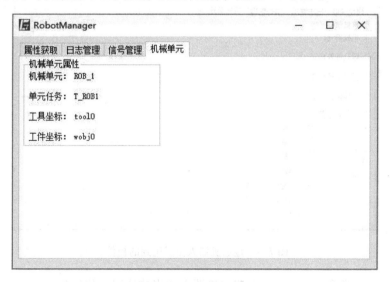

图 7-4 机械单元属性

7.2.2 机器人当前位置获取

通过 RobTarget 类和 JointTarget 类可以获取机器人的连接位置和目标位置，需要用到 1 个 GroupBox 控件和 13 个 Label 控件。代码中用到的控件见表 7-3。

表 7-3 代码中用到的控件

控 件	控件名称	描 述
Label	lb_x	用于显示元素 x
	lb_y	用于显示元素 y
	lb_z	用于显示元素 z
	lb_q1	用于显示元素 q1
	lb_q2	用于显示元素 q2
	lb_q3	用于显示元素 q3
	lb_q4	用于显示元素 q4
	lb_rax1	用于显示 1 轴角度
	lb_rax2	用于显示 2 轴角度
	lb_rax3	用于显示 3 轴角度
	lb_rax4	用于显示 4 轴角度
	lb_rax5	用于显示 5 轴角度
	lb_rax6	用于显示 6 轴角度

创建完成的显示机器人位置用到的控件如图 7-5 所示。

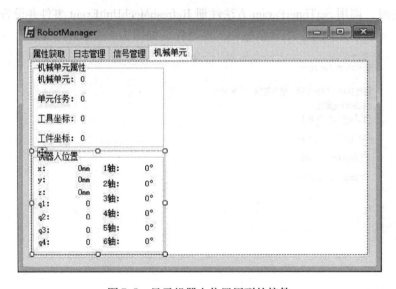

图 7-5 显示机器人位置用到的控件

通过 RobTarget 类和 JointTarget 类获取机器人的当前位置，代码如下：

```
void GetMechanicalUnit( )
{
    if ( controller == null )
    {
        aTimer. Stop( );
        return;
```

```
      }
            MechanicalUnit aMechUnit = controller. MotionSystem. ActiveMechanicalUnit;
            //获取机器人属性
            GetRobotProp(aMechUnit);
            //获取机器人位置
            GetRobotPos(aMechUnit);
      }
//获取机器人位置
void GetRobotPos(MechanicalUnit aMechUnit)
{
            //获取机械单元的关节角度
            GetJointTargetPos(aMechUnit);
            //获取机械单元的位置坐标
            GetRobTargetPos(aMechUnit);
}
//获取机械单元的关节角度
void GetJointTargetPos(MechanicalUnit aMechUnit)
{
            JointTarget aJointTarget = aMechUnit. GetPosition();
            RobJoint rot = aJointTarget. RobAx;
            float rax1 = rot. Rax_1;
            float rax2 = rot. Rax_2;
            float rax3 = rot. Rax_3;
            float rax4 = rot. Rax_4;
            float rax5 = rot. Rax_5;
            float rax6 = rot. Rax_6;
            lb_rax1. Text = rax1. ToString("f2") + "°";
            lb_rax2. Text = rax2. ToString("f2") + "°";
            lb_rax3. Text = rax3. ToString("f2") + "°";
            lb_rax4. Text = rax4. ToString("f2") + "°";
            lb_rax5. Text = rax5. ToString("f2") + "°";
            lb_rax6. Text = rax6. ToString("f2") + "°";
}
//获取机械单元的位置坐标
void GetRobTargetPos(MechanicalUnit aMechUnit)
{
            RobTarget aRobTarget = aMechUnit. GetPosition(CoordinateSystemType. World);
            Orient orient = aRobTarget. Rot;
            Pos pos = aRobTarget. Trans;
            float x = pos. X;
            float y = pos. Y;
            float z = pos. Z;
```

147

```
        double q1  = orient. Q1;
        double q2  = orient. Q2;
        double q3  = orient. Q3;
        double q4  = orient. Q4;
        lb_x. Text = x. ToString("f2") + "mm";
        lb_y. Text = y. ToString("f2") + "mm";
        lb_z. Text = z. ToString("f2") + "mm";
        lb_q1. Text = q1. ToString("f5");
        lb_q2. Text = q2. ToString("f5");
        lb_q3. Text = q3. ToString("f5");
        lb_q4. Text = q4. ToString("f5");
    }
```

通过机械单元的 GetRobotPos 方法可实时地获取机器人的关节角度和位置坐标并更新界面，如图 7-6 所示。

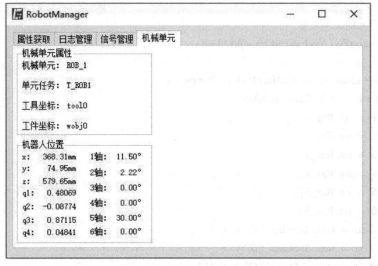

图 7-6　机器人当前位置

7.3　机器人三维场景监控

扫码看视频

三维显示软件的开发通常有 3 种方式：

1）使用计算机 3D 程序接口，如 OpenGL 和 DirectX。其中，OpenGL 是一个功能强大、调用方便的底层 3D 图形库，它与硬件无关，具有良好的可移植性；DirectX 是微软公司为 Windows 平台设计的多媒体应用程序接口，除了 3D 图形显示外还包括音乐及声音效果等。这种开发方式有利于开发者对程序进行优化，但进行扩展开发的工作量大。

2）使用开源函数库，如 OpenSceneGraph 和 opencascade 等。其中，OpenSceneGraph 是一个开放源码，是跨平台的图形开发包，提供了在 OpenGL 之上的面向对象的框架，从而简化开发工作量；opencascade 对象库是一个面向对象的 C + +类库，是世界上最重要的几何造型基础软件平台之一，主要用于开发二维和三维几何建模应用程序。这种开发方式简化了开发工作量，但需要熟悉相关类库的使用。

3）使用商业渲染引擎，如 Unity3D 等。Unity3D 是可轻松创建三维视频游戏、建筑可视化、实时三维动画等互动内容的多平台综合型专业游戏引擎，可跨平台发布应用程序。这种开发方式具有良好的技术支持，但价格较高。

本节为了简化开发工作量，将基于 OpenSceneGraph 进行开发，同时将工作站模型的创建、显示和更新操作封装在 StationView. dll 中，供客户端调用。StationView. dll 中的方法见表7-4。

表7-4 StationView. dll 中的方法

方法	描述
InitStation	用于初始化工作站
UpdateJoint	用于更新模型各轴位置
DisposeStation	用于释放工作站资源

149

提示 动态链接库资源位于【智能机器人高级编程及应用（ABB 机器人）资源包】/【RobotManager】/【RobotManage】/【StationViewLib】中。

下面演示具体的操作步骤。

（1）创建 PictrueBox 控件（见图7-7）。

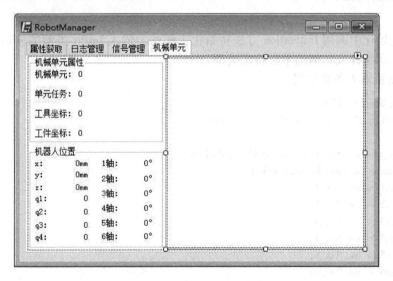

图7-7 创建 PictrueBox 控件

修改 PictrueBox 控件的【Name】属性为"pb_module"。PictrueBox 控件用于显示机器人仿真模型。

（2）添加命名空间

```
using System. Runtime. InteropServices；
```

提供支持 COM 互操作及平台调用服务的成员。

（3）导入动态库

```
[DllImport("StationView. dll", EntryPoint = "InitStation", CharSet = CharSet. Auto, CallingConvention =
CallingConvention. Cdecl)]
    public static extern int InitStation(IntPtr mhwnd);
    [DllImport("StationView. dll", EntryPoint = "DisposeStation", CharSet = CharSet. Auto, CallingConvention
= CallingConvention. Cdecl)]
    public static extern int DisposeStation();
    [DllImport("StationView. dll", EntryPoint = "UpdateJoint", CharSet = CharSet. Auto, CallingConvention =
CallingConvention. Cdecl)]
    public static extern int UpdateJoint(float j1, float j2, float j3, float j4, float j5, float j6);
```

DllImport 属性类用于导出动态链接库中的函数，其中的第一个参数是指定的动态库名称，EntryPoint 是入口点名称，CharSet 是入口点采用的字符编码，CallingConvention 是入口点调用约定。

（4）初始化工作站

```
public Form1()
{
    InitializeComponent();
    //初始化工作站
    IntPtr pbHandle = this. pb_module. Handle;
    InitStation(pbHandle);
}
```

在窗体初始化中调用 InitStation 方法初始化工作站，传入 IntPtr 类型的窗口句柄。IntPtr 类型是用于表示指针或句柄的平台特定类型。

（5）更新机器人各轴位置

```
//获取机械单元的连接位置
void GetJointTargetPos(MechanicalUnit aMechUnit)
{
    JointTarget aJointTarget = aMechUnit. GetPosition();
    RobJoint rot = aJointTarget. RobAx;
    float rax1 = rot. Rax_1;
    float rax2 = rot. Rax_2;
    float rax3 = rot. Rax_3;
    float rax4 = rot. Rax_4;
    float rax5 = rot. Rax_5;
    float rax6 = rot. Rax_6;
    lb_rax1. Text = rax1. ToString("f2") + "°";
    lb_rax2. Text = rax2. ToString("f2") + "°";
    lb_rax3. Text = rax3. ToString("f2") + "°";
    lb_rax4. Text = rax4. ToString("f2") + "°";
    lb_rax5. Text = rax5. ToString("f2") + "°";
    lb_rax6. Text = rax6. ToString("f2") + "°";
    //更新模型轴的位置
    UpdateJoint(rax1, rax2, rax3, rax4, rax5, rax6);
}
```

将获取的机器人各轴参数传入 UpdateJoint 方法，更新机器人各轴位置。

（6）运行程序 登录控制器，可通过示教器实时控制机器人的关节动作，如图 7-8 所示。

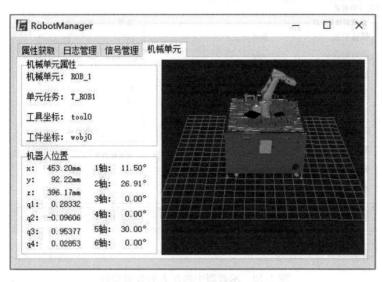

图 7-8 实时控制机器人

RobotStudio 中的机器人关节位置如图 7-9 所示。

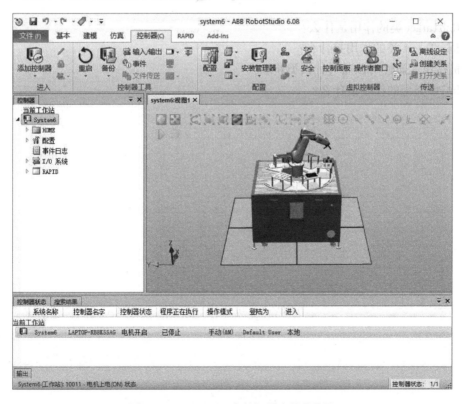

图 7-9 RobotStudio 中的机器人关节位置

示教器中机器人的各轴参数如图 7-10 所示。

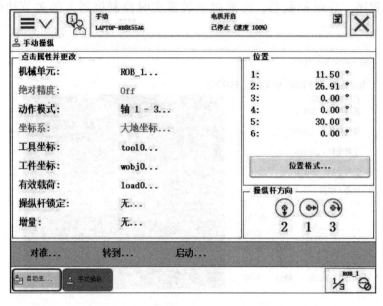

图 7-10　示教器中机器人的各轴参数

思 考 题

1. RobTarget 类的作用是什么？
2. JointTarget 类的作用是什么？
3. 机械单元属性可以通过什么类获取？
4. IntPtr 类型的作用是什么？

第8章 机器人程序管理

本章要点

- RAPID 语言介绍。
- RAPID 数据读写。
- 程序模块管理。

本章将介绍 RAPID 语言的结构以及数据管理、模块管理的方法。通过对本章内容的学习，用户可以读写 RAPID 数据、加载保存程序模块和启动监听程序。

8.1 RAPID 程序介绍

扫码看视频

8.1.1 RAPID 语言结构

ABB 机器人程序包含任务、模块和例行程序 3 个等级，其结构如图 8-1 所示。其中，系

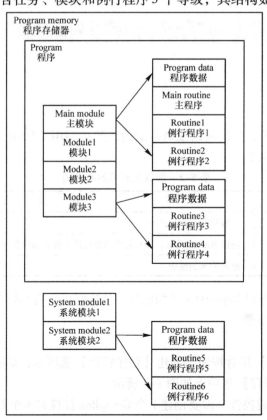

图 8-1 RAPID 语言结构

统模块预定了程序系统数据，一般不进行编辑。通常用户程序分布在不同的模块中，因而需要在不同的模块中编写对应的例行程序和中断程序。主程序（main）为程序执行的入口，有且仅有一个，通常通过执行 main 程序来调用其他子程序，以实现机器人的相应功能。

8.1.2 RapidDomain 命名空间

RapidDomain 命名空间位于 ABB. Robotics. Controllers 命名空间中，提供了访问机器人系统 RAPID 数据的方法。可以通过调用这些方法读写 RAPID 数据、加载模块、保存模块以及远程启动程序等。RapidDomain 命名空间的常用类见表 8-1。

表 8-1　RapidDomain 命名空间的常用类

类　名	描　述
ArrayData	该类表示 RAPID 数组
Module	该类表示模块 RAPID 对象
Rapid	该类表示机器人控制器的 RAPID 域
RapidData	该类表示 RAPID 数据
RapidSymbol	该类表示控制器 RAPID 域的 RAPID 符号
Routine	该类表示一个例程 RAPID 对象
Task	该类表示一个 RAPID 任务

8.2 RAPID 数据管理

8.2.1 数据读取

扫码看视频

读取数据需要程序名、模块名以及对应的值，然后调用 RAPID 命名空间下的方法。读取数据用到的方法见表 8-2。

表 8-2　读取数据用到的方法

方　法	描　述
GetTask	获取指定名称的任务
GetRapidData	获取 RAPID 对象，该对象可引用机器人控制器中的 RAPID 数据实例
GetModule	返回请求的模块

通过这些方法可以得到 RapidData 类型的值，使用时可以将其转换为相应的类型。

1. 数据读取的操作步骤

（1）创建选项卡

1）单击【TabPages】集合按钮，创建【程序管理】选项卡，如图 8-2 所示。

2）创建的【程序管理】选项卡如图 8-3 所示。

（2）在选项卡中创建控件　需要创建 1 个 GroupBox 控件和 4 个 Label 控件。代码中用到的控件见表 8-3。

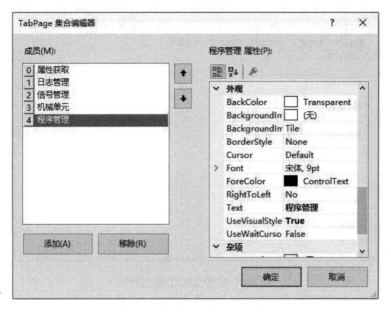

图 8-2　创建【程序管理】选项卡

图 8-3　【程序管理】选项卡

表 8-3　代码中用到的控件

控　件	控件名称	描　　述
TextBox	tb_proname	用于输入程序名称
	tb_modulename	用于输入模块名称
	tb_numname	用于输入变量名称
	tb_provalue	用于读取或输入程序值
Button	btn_readrapid	读取数据按钮

创建完成的数据读取用到的控件如图 8-4 所示。

2. 代码示例

（1）声明 Rapid 数据对象

图 8-4　数据读取用到的控件

```
//Rapid 数据对象
RapidData rd;
```

（2）添加 Click 事件　双击"读取"按钮并写入代码如下：

```csharp
private void btn_readrapid_Click(object sender, EventArgs e)
{
    ReadRapidDate();
}
//读取 RAPID 数据
void ReadRapidDate()
{
    if (controller == null)
    {
        return;
    }
    string strName = tb_proname. Text;
    string strModule = tb_modulename. Text;
    string strVariable = tb_numname. Text;
    try
    {
        rd = controller. Rapid. GetTask(strName). GetModule(strModule). GetRapidData(strVariable);
    }
    catch (System. Exception ex)
    {
        MessageBox. Show("异常错误： " + ex. Message);
        return;
    }
```

```
        IRapidData val = rd. Value;
        tb_provalue. Text = val. ToString( );
}
```

（3）运行程序 登录控制器，依次写入程序名称、模块名称、变量名称，单击"读取"按钮，如图8-5所示。

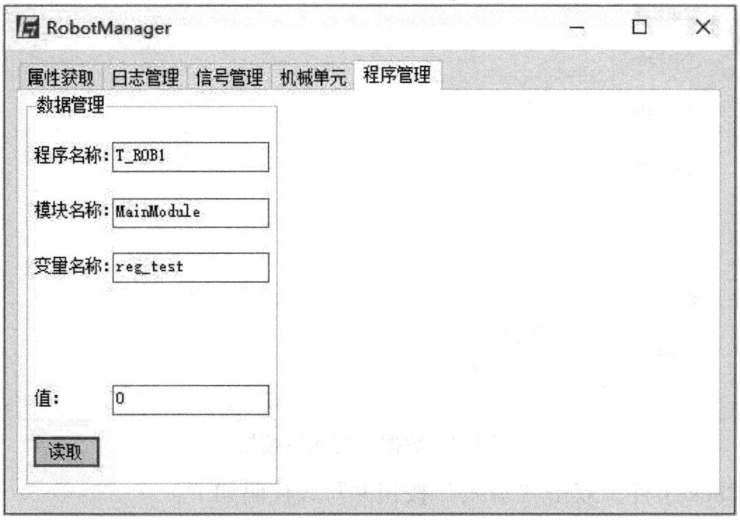

图8-5 RAPID 数据读取

RobotStudio 中程序数据的值如图8-6所示。

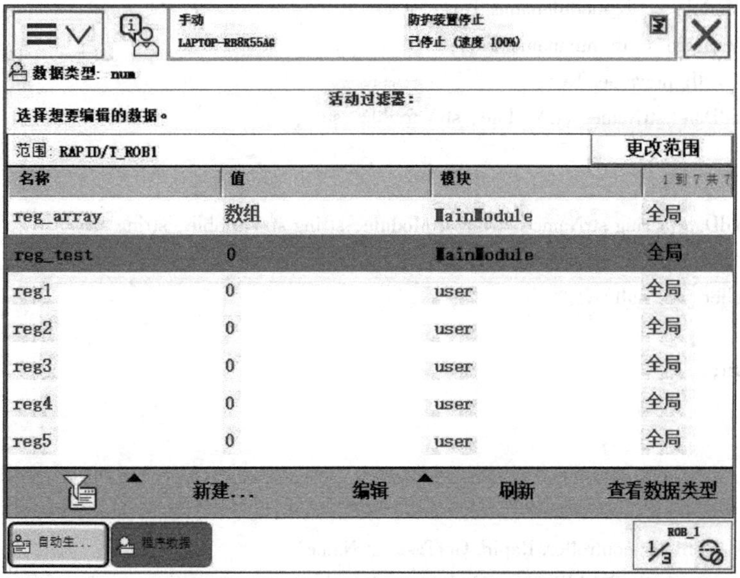

图8-6 RobotStudio 中程序数据的值

8.2.2 数据写入

程序数据写入需要先获得 RapidData 的 Value 值，然后通过类型转换就可以使用 Fill-

FromString2 方法传入有效的 RAPID 字符串填充结构了，写入时需要请求 RAPID 主控权限。

具体操作步骤如下：

（1）创建按钮　将其 Text 属性改为"写入"，如图 8-7 所示。

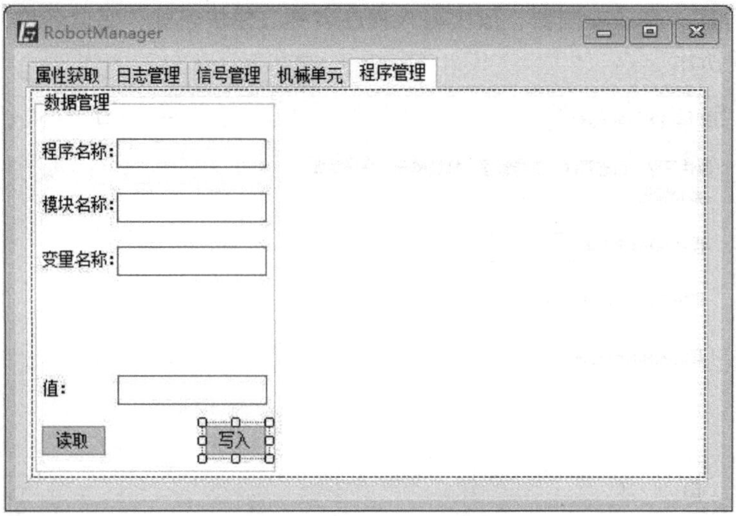

图 8-7　数据"写入"按钮

（2）添加 Click 事件　双击"写入"按钮并写入代码如下：

```
private void btn_writerapid_Click(object sender, EventArgs e)
{
    string strName = tb_proname. Text;
    string strModule = tb_modulename. Text;
    string strVariable = tb_numname. Text;
    string str = tb_provalue. Text;
    WriteRapidDate(strName, strModule, strVariable, str);
}

void WriteRapidDate(string strName, string strModule, string strVariable, string str)
{
    if (controller == null)
    {
        return;
    }

    try
    {
        Task tRob1 = controller. Rapid. GetTask(strName);
        rd = tRob1. GetRapidData(strModule, strVariable);
        IRapidData val = rd. Value;

        if (val is ABB. Robotics. Controllers. RapidDomain. Num)
        {
```

```
                //转换成 Num 类型
                Num rapidNum = (Num)rd. Value;
                rapidNum. FillFromString2(str);
                using (Mastership. Request(controller. Rapid))
                {
                    rd. Value = rapidNum;
                }
            }
            else if (val is ABB. Robotics. Controllers. RapidDomain. Bool)
            {
                //转换成 bool 类型
                Bool rapidBool = (Bool)rd. Value;
                rapidBool. FillFromString2(str);
                using (Mastership. Request(controller. Rapid))
                {
                    rd. Value = rapidBool;
                }
            }
        }
        catch (System. Exception ex)
        {
            MessageBox. Show("异常错误: " + ex. Message);
            return;
        }
    }
```

通过 rd. Value 值判断该值属于什么类型，从而转换成对应的类型。转换后的值通过 Fill-FromString2 方法填充准备写入的值，然后请求 RAPID 主控权限，把填充后的值赋给 rd. Value。

（3）运行程序　依次写入程序名称、模块名称、变量名称和写入的值。单击"写入"按钮写入数据，如图 8-8 所示。

图 8-8　写入数据

修改后的值如图 8-9 所示。

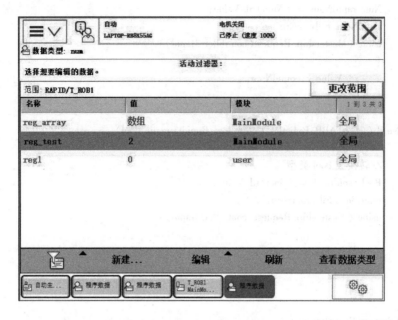

图 8-9　reg_test 修改后的值

 8.3　RAPID 程序管理

扫码看视频

8.3.1　程序模块加载

　　加载模块或者程序文件时，需要指定控制器上的模块文件扩展名（mod 或 sys）或程序文件扩展名（pgf）的文件路径。本节需要用到 1 个 GroupBox 控件和 1 个 Label 控件，代码中用到的控件见表 8-4。

表 8-4　代码中用到的控件

控　件	控件名称	描　述
TextBox	tb_profile	用于输入文件名
Button	btn_probrowse	用于浏览文件名
	btn_proload	用于加载文件

　　创建完成的程序加载用到的控件如图 8-10 所示。
　　具体代码如下：
　　1）添加"浏览"按钮的 Click 事件。双击"浏览"按钮并添加代码如下：

```
//浏览
private void btn_probrowse_Click( object sender, EventArgs e)
{
```

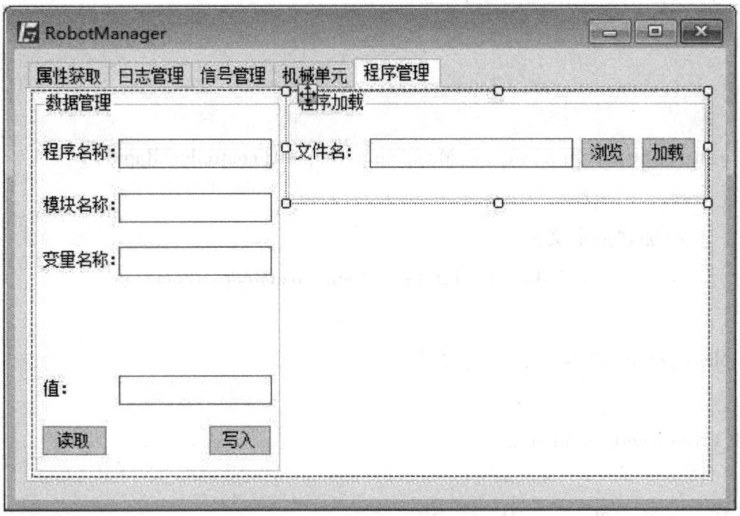

图 8-10　程序加载用到的控件

```
OpenFileDialog dialog = new OpenFileDialog();

dialog. Multiselect = true;      //该值用于确定是否可以选择多个文件
dialog. Title = "请选择文件夹";
dialog. Filter = "所有文件( * . * )| * . * ";
if ( dialog. ShowDialog() == System. Windows. Forms. DialogResult. OK)
{
    string file = dialog. FileName;
    tb_profile. Text = file;
}
}
```

2) 添加"加载"按钮的 Click 事件。双击"加载"按钮并添加代码如下:

```
//加载
private void btn_proload_Click(object sender, EventArgs e)
{
    LoadProgramModule();
}
void LoadProgramModule()
{
    Task tRob1 = controller. Rapid. GetTask("T_ROB1");
    if (tRob1 ! = null)
    {
        string str = tb_profile. Text;
        if( str == "")
        {
            MessageBox. Show("请选择路径");
            return;
```

161

```
        }
        try
        {
            using ( Mastership master = Mastership. Request( controller. Rapid) )
            {
                //加载指定文件
                tRob1. LoadModuleFromFile( str, RapidLoadMode. Replace) ;
            }
            MessageBox. Show( "加载成功") ;
        }
        catch ( ArgumentException ex)
        {
            MessageBox. Show( ex. Message) ;
        }
        catch ( System. InvalidOperationException ex)
        {
            MessageBox. Show( "主控权限由另一个客户持有。") ;
        }
    }
}
```

加载程序时首先请求 RAPID 主控权限，然后使用 LoadModuleFromFile 方法进行加载。此方法的第一个参数是具体模块或程序路径；第二个参数是加载模式，有 Add（添加）和 Replace（替换）两种。

运行程序，单击"浏览"按钮选择文件，然后单击"加载"按钮加载该文件。

8.3.2　程序模块保存

保存模块需要先指定具体的目录，然后通过 SaveProgramToFile 方法将当前控制器的程序模块保存到指定目录。本节需要用到 1 个 GroupBox 控件和 1 个 Label 控件，代码中用到的控件见表 8-5。

表 8-5　代码中用到的控件

控　件	控件名称	描　述
TextBox	tb_directory	用于输入文件夹
Button	btn_browsefolder	用于浏览文件夹
	btn_save	用于保存文件

创建完成的保存程序用到的控件如图 8-11 所示。

具体代码如下：

1）添加"浏览"按钮的 Click 事件。双击"浏览"按钮并添加代码如下：

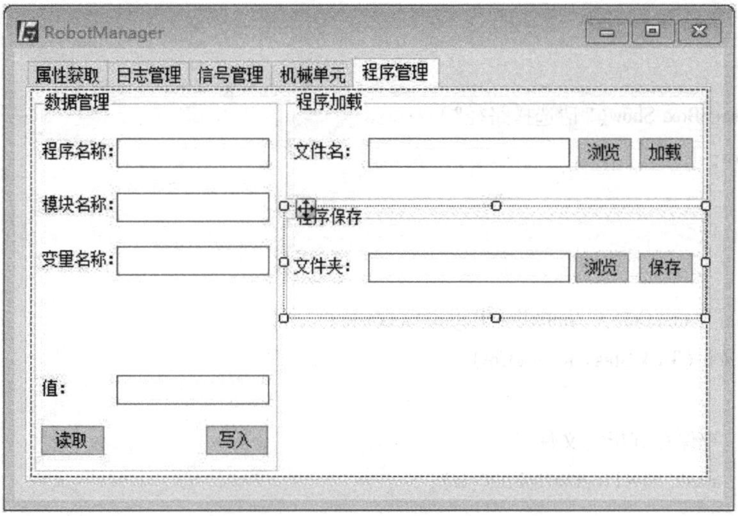

图 8-11 保存程序用到的控件

```
//浏览
private void btn_browsefolder_Click(object sender, EventArgs e)
{
    FolderBrowserDialog dialog = new FolderBrowserDialog();
    dialog. Description = "请选择文件夹";
    if (dialog. ShowDialog() == System. Windows. Forms. DialogResult. OK)
    {
        if (string. IsNullOrEmpty(dialog. SelectedPath))
        {
            MessageBox. Show("文件夹路径不能为空");
            return;
        }
        string defaultPath = dialog. SelectedPath;
        tb_directory. Text = defaultPath;
    }
}
```

2) 添加"保存"按钮的 Click 事件。双击"保存"按钮并添加代码如下:

```
//保存
private void btn_save_Click(object sender, EventArgs e)
{
    SaveProgramModule();
}
//保存程序模块
void SaveProgramModule()
{
    string str = tb_directory. Text;
```

```
    if ( str == "" )
    {
        MessageBox. Show("请选择路径");
        return;
    }
    try
    {
        Task[ ] taskCol = controller. Rapid. GetTasks( );
        foreach (Task atask in taskCol)
        {
            //保存到指定文件夹
            atask. SaveProgramToFile( str );
        }
        MessageBox. Show("保存成功");
    }
    catch ( System. Exception ex)
    {
        MessageBox. Show("异常错误: " + ex. Message);
    }
}
```

运行程序，首先单击"浏览"按钮选择保存目录，然后单击"保存"按钮进行保存。

8.3.3　程序远程启动

机器人控制器中的程序启动执行只能在自动运行模式下进行。有几种重载的启动方法可以使用，最简单的方式是快速地执行一个控制器任务。需要用到的方法见表 8-6。

表 8-6　运行程序的相关方法

方　　法	描　　述
Start	用于启动 RAPID 程序执行
Stop	用于停止 RAPID 程序执行
ResetProgramPointer	用于将此任务的程序指针重置为主入口点

本节需要用到 1 个 GroupBox 控件，代码中用到的控件见表 8-7。

表 8-7　代码中用到的控件

控　　件	控件名称	描　　述
Button	btn_StartOrStop	用于启动或停止程序
Label	lb_state	用于显示程序的运行状态

创建完成的程序启动用到的控件如图 8-12 所示。

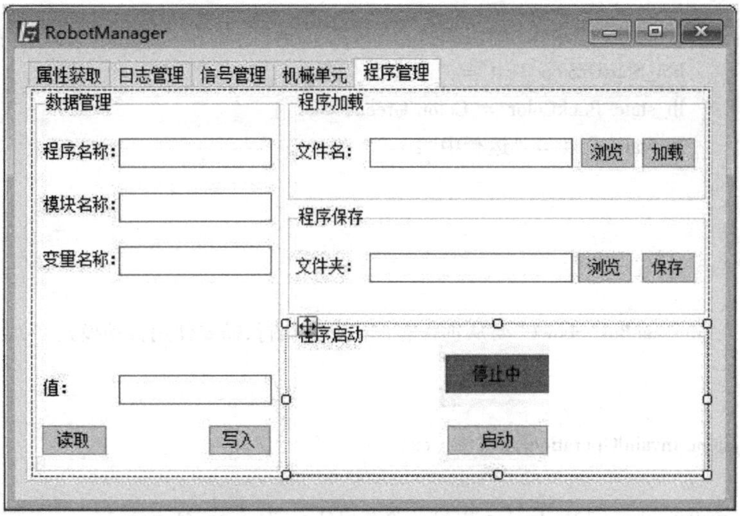

图 8-12 程序启动用到的控件

双击"启动"按钮并添加代码如下：

```
//程序启动或停止
private void btn_StartOrStop_Click(object sender, EventArgs e)
{
    if (btn_StartOrStop.Text == "启动")
    {
        StartRapidProgram();
    }
    else
    {
        StopRapidProgram();
    }
}
public void StartRapidProgram()
{
    try
    {
        if (controller.OperatingMode == ControllerOperatingMode.Auto)
        {
            using (Mastership m = Mastership.Request(controller.Rapid))
            {
                Task[] taskCol = controller.Rapid.GetTasks();
                foreach (Task atask in taskCol)
                {
                    atask.ResetProgramPointer();
                }
```

```
                controller. Rapid. Start( true ) ; //启动 Rapid
                btn_StartOrStop. Text = "停止";
                lb_state. BackColor = Color. Green;
                lb_state. Text = "运行中";
            }
        }
        else
        {
            MessageBox. Show("要从远程客户机开始执行,需要使用自动模式。");
        }
    }
    catch ( System. InvalidOperationException ex )
    {
        MessageBox. Show("Mastership 由另一个客户持有。" + ex. Message);
    }
    catch ( System. Exception ex )
    {
        MessageBox. Show("异常错误: " + ex. Message);
    }
}

public void StopRapidProgram( )
{
    try
    {
        if ( controller. OperatingMode == ControllerOperatingMode. Auto)
        {
            using ( Mastership m = Mastership. Request( controller. Rapid) )
            {
                controller. Rapid. Stop( ) ;
                btn_StartOrStop. Text = "启动";
                lb_state. BackColor = Color. Red;
                lb_state. Text = "停止中";
            }
        }
        else
        {
            MessageBox. Show("要从远程客户机开始执行,需要使用自动模式。");
        }
    }
    catch ( System. InvalidOperationException ex )
    {
        MessageBox. Show("Mastership 由另一个客户持有。" + ex. Message);
```

```
    }
    catch (System. Exception ex)
    {
        MessageBox. Show("异常错误: " + ex. Message);
    }
}
```

程序需要在自动运行模式下启动,首先通过 Task 类下的 ResetProgramPointer 方法将程序指针指向程序入口处,然后通过 Rapid 类下的 Start 方法启动程序。停止时,调用 Rapid 类下的 Stop 方法停止程序。

运行程序。单击"启动"按钮,如图 8-13 所示。

图 8-13 启动程序

8.3.4 程序事件监听

通过 ExecutionStatusChanged 事件可以监听程序的启动或停止状态。

具体代码如下:

1)控制器登录成功时订阅 ExecutionStatusChanged 事件。

```
//登录
private void ControlLogon(ControllerInfo controllerInfo)
{
    //创建实体并登录
    this. controller = ControllerFactory. CreateFrom(controllerInfo);
    //传入此应用程序的默认用户登录
    this. controller. Logon(UserInfo. DefaultUser);

    log = controller. EventLog;
    log. MessageWritten += new EventHandler < MessageWrittenEventArgs > (HandleMessageWriteEvent);
    //设置定时器
```

```
    SetTimerParam( );
    //控制器的程序执行状态事件
    controller. Rapid. ExecutionStatusChanged  +  =  new EventHandler < ExecutionStatusChangedEventArgs >
( ExecutionStatusEvent) ;
}
```

2）控制器启动或停止时触发事件。

```
//控制器的程序执行状态事件
void ExecutionStatusEvent( object sender, ExecutionStatusChangedEventArgs e)
{
    this. Invoke( new EventHandler < ExecutionStatusChangedEventArgs > ( Rapid_ExecutionStatusChanged) ,
new Object[ ] { this, e });
}
private void Rapid_ExecutionStatusChanged( object sender, ExecutionStatusChangedEventArgs e)
{
    if ( e. Status  ==  ExecutionStatus. Stopped)
    {
        btn_StartOrStop. Text  =  "启动";
        lb_state. BackColor  =  Color. Red;
        lb_state. Text  =  "停止中";
    }
    else if( e. Status  ==  ExecutionStatus. Running)
    {
        btn_StartOrStop. Text  =  "停止";
        lb_state. BackColor  =  Color. Green;
        lb_state. Text  =  "运行中";
    }
}
```

ExecutionStatus 枚举包含 Unknow（未知）、Running（启动）和 Stopped（停止）3 种程序执行状态。通过 ExecutionStatusChangedEventArgs 类的 Status 属性可以获得程序执行状态，从而根据状态做出对应的处理。

思 考 题

1. 程序数据写入需要请求什么权限？
2. 加载模式分为哪几种？
3. 程序启动执行需要在什么模式下进行？

第9章 机器人文件管理

本章要点

- 控制器文件系统介绍。
- 控制器文件操作管理。

本章将介绍机器人控制器的文件系统结构和文件管理相关知识。通过对本章内容的学习，用户可以更好地了解控制器文件系统结构，并且能够使用文件管理的方法操作文件。

 9.1 控制器文件系统介绍

扫码看视频

9.1.1 控制器文件系统结构

控制器文件系统中存放了机器人的相关数据和文件，如图 9-1 所示。可以通过 PC SDK 中提供的方法对文件系统进行管理。

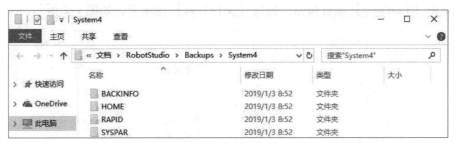

图 9-1 控制器文件

文件相关内容见表 9-1。

表 9-1 文件相关内容

文 件	描 述
BACKINFO	包含要从媒体中重新创建系统软件和选项所需的信息
HOME	包含系统主目录中内容的复制文件
RAPID	为系统程序存储器中的每一个任务创建了一个子文件夹。每个任务文件夹包含了单独的程序模块文件夹和系统模块文件夹
SYSPAR	包含系统配置文件

9.1.2 FileSystemDomain 命名空间

FileSystemDomain 命名空间位于 ABB. Robotics. Controllers 命名空间中，提供了复制、备

份、恢复、重命名、删除文件等一系列操作。FileSystemDomain 命名空间常用类见表 9-2。

表 9-2　FileSystemDomain 命名空间常用类

类　名	描　述
ControllerDirectoryInfo	该类表示机器人控制器中的目录
ControllerFileInfo	该类表示机器人控制器中的一个文件
ControllerFileSystemInfo	该类表示机器人控制器中的文件系统项
FileSystem	该类表示机器人控制器的文件系统域
FileSystemPath	该类是文件系统路径操作的实用程序类

 9.2　文件管理

扫码看视频

9.2.1　文件复制

控制器文件复制是通过 FileSystem 下的 CopyFile 方法进行远程复制的，先在控制器本地复制一个文件，再从源文件复制到目标文件。

1. 文件复制的操作步骤

（1）创建选项卡

1）单击【TabPages】集合按钮，创建【文件管理】选项卡，如图 9-2 所示。

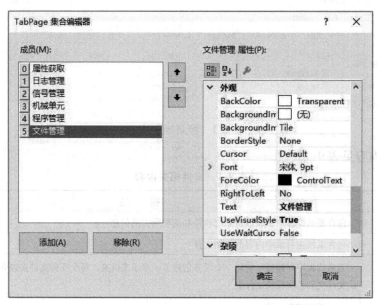

图 9-2　创建【文件管理】选项卡

2）创建的【文件管理】选项卡如图 9-3 所示。

（2）在选项卡中创建控件　需要创建 1 个 GroupBox 控件和 2 个 Label 控件。文件复制用

图 9-3 【文件管理】选项卡

到的控件见表 9-3。

表 9-3 文件复制用到的控件

控 件	控件名称	描 述
TextBox	tb_sourcefile	用于写入源文件
	tb_objfile	用于写入目标文件
Button	btn_copy	用于复制文件
	btn_browse	用于浏览文件

创建完成的文件复制用到的控件如图 9-4 所示。

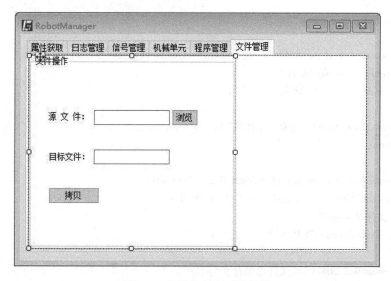

图 9-4 文件复制用到的控件

2. 代码示例

（1）添加 IO 命名空间

```
using System. IO;
```

（2）添加"浏览"按钮的 Click 事件　双击"浏览"按钮并添加代码如下：

```
private void btn_browse_Click(object sender, EventArgs e)
{
    OpenFileDialog dialog = new OpenFileDialog();
    string remoteDir = controller. FileSystem. RemoteDirectory;//控制器远程目录
    dialog. InitialDirectory = remoteDir;
    dialog. Multiselect = true;       //该值用于确定是否可以选择多个文件
    dialog. Title = "请选择文件夹";
    dialog. Filter = "所有文件( *. *)| *. *";
    if (dialog. ShowDialog() == System. Windows. Forms. DialogResult. OK)
    {
        string file = dialog. FileName;
        file = System. IO. Path. GetFileName(file);
        tb_sourcefile. Text = file;
    }
}
```

（3）添加"复制"按钮的 Click 事件　双击"复制"按钮并添加代码如下：

```
//文件复制
private void btn_copy_Click(object sender, EventArgs e)
{
    if (controller == null)
    {
        return;
    }
    string sourcefile = tb_sourcefile. Text;
    string objfile = tb_objfile. Text;
    if (sourcefile == "" || objfile == "")
    {
        MessageBox. Show("请输入文件名");
        return;
    }
    string remoteDir = controller. FileSystem. RemoteDirectory;
    string remoteFilePath = remoteDir + "/" + objfile;
    //判断文件是否存在
    if (File. Exists(remoteFilePath))
    {
        MessageBox. Show("该文件已经存在");
        return;
    }
```

```
try
{
    //复制文件
    controller. FileSystem. CopyFile( sourcefile, objfile, true) ;
    MessageBox. Show( "复制成功" ) ;
}
catch ( Exception ex)
{
    MessageBox. Show( ex. Message) ;
}
}
```

通过 FileSystem 类下的 RemoteDirectory 属性获取远程目录，然后判断远程目录下是否存在目标文件，如果不存在就通过 CopyFile 方法进行复制。

9.2.2　备份与恢复

文件备份与恢复用到的方法见表9-4。

表9-4　文件备份与恢复用到的方法

方　　法	描　　述
GetFile	从机器人控制器向本地系统中备份文件
PutFile	从本地系统向机器人控制器中恢复文件

本节需要用到 1 个 GroupBox 控件。文件备份与恢复用到的控件见表9-5。

表9-5　文件备份与恢复用到的控件

控　　件	控件名称	描　　述
Button	btn_ backup	用于备份文件
	btn_ recover	用于恢复文件

创建完成的文件备份与恢复用到的控件如图9-5所示。

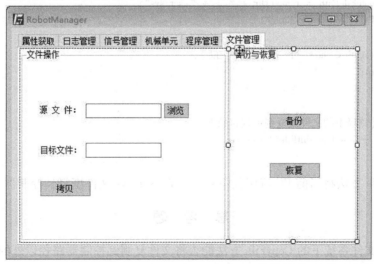

图9-5　文件备份与恢复用到的控件

双击"备份"按钮并添加代码如下：

```
//文件备份
private void btn_backup_Click(object sender, EventArgs e)
{
    if (controller == null)
    {
        return;
    }
    string localdir = controller. FileSystem. LocalDirectory;
    string localfilepath = localdir + "/" + "user. sys";

    if (File. Exists(localfilepath))
    {
        MessageBox. Show("该文件已经存在");
        return;
    }

    //将系统文件备份到当前路径下
    controller. FileSystem. GetFile("user. sys");
}
```

通过 GetFile 方法将控制器远程目录下的 user. sys 文件备份到当前 PC 应用程序路径下。

双击"恢复"按钮并添加代码如下：

```
//文件恢复
private void btn_recover_Click(object sender, EventArgs e)
{
    if (controller == null)
    {
        return;
    }
    string remoteDir = controller. FileSystem. RemoteDirectory;
    string remoteFilePath = remoteDir + "/" + "user. sys";
    if (File. Exists(remoteFilePath))
    {
        MessageBox. Show("该文件已经存在");
        return;
    }

    //将当前路径下的文件恢复到远程目录下
    controller. FileSystem. PutFile("user. sys");
}
```

通过 PutFile 方法将当前 PC 应用程序路径下的 user. sys 文件恢复到控制器远程目录下。

思 考 题

1. 控制器文件系统下的 CopyFile 方法能否将文件复制到控制器路径以外的目录下？
2. 如何获得控制器的远程目录？

第10章　机器人视觉系统应用

本章要点

- 机器人视觉介绍。
- 机器人视觉原理。
- 智能相机运行流程。
- 机器人编程。
- 机器人视觉应用。

本章将介绍机器人视觉系统的组成与连接调试流程，以康耐视 In – Sight2000 系列视觉系统为例搭建典型的机器人视觉引导系统，并通过以太网和 PC SDK 进行视觉通信。

 10.1　机器人视觉介绍

扫码看视频

10.1.1　机器人视觉概念

随着智能化时代的到来，制造企业更追求效率和简便，各式各样的机器视觉已经悄然地占据行业高地。例如，在原有条件下，生产线上的搬运机器人大多通过视觉再现或者预编程来实现各种操作，对物体的位姿有严格的限定，机器人实质上只是完成点到点的动作。而当物体的外部参数发生变化时，机器人就无法自动处理了，这种缺乏柔性度、灵活性的生产线无法满足柔性生产系统对物料输送和搬运的要求。为了保证机器人不受物体位姿、方位的影响，并可以高效地工作，就必须引入机器视觉技术来实现对目标物体的识别和定位，从而提高机器人对周围环境的感知能力。

典型的机器视觉系统可以分为图像采集部分、图像处理部分和运动控制部分。基于 PC 的工业机器人视觉系统的组成如图 10-1 所示。

视觉处理部分的核心是软件算法，视觉处理通常在控制器端进行。其中最重要的组成部分为传感器（智能相机）与视觉处理算法。

图像采集部分将被拍摄的目标转换为图像信号，传送给视觉处理软件，根据像素分布和亮度、颜色等信息，转变成数字信号。视觉处理系统对这些信号进行各种运算来抽取目标的具体特征，如面积、数量、位置、长度等，再根据预设的允许度和其他条件输出结果（包括尺寸、角度、个数、合格/不合格、有/无等）来完成测量、检测和判断任务。运用机器学习这一最前沿的人工智能技术可以进行更高级的视觉应用，如目标识别、位姿检测、目标跟踪等。

10.1.2　机器人视觉应用场景

机器人视觉技术发展迅速，成为当前的热门技术之一，在众多制造业领域中被广泛运

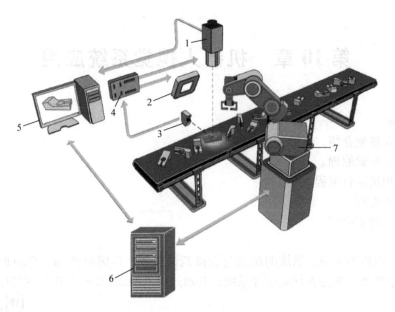

图 10-1 基于 PC 的工业机器人视觉系统的组成
1—工业相机与工业镜头 2—光源 3—传感器 4—图像采集卡 5—图像处理软件
6—控制单元 7—工业机器人及外部设备

176

用，并且还在不断地向其他领域拓展。目前，机器人视觉技术主要运用场景如下：

（1）生产车间组装 机器人在机器视觉技术的作用下，可以精确地使机械手臂拥有 3D 视觉能力，可以依靠视觉导引、定位成为夹取物件的要件。除了视觉定位，手眼力协调机器人的关键技术还有矩阵的感测器，可以协助机器人知道抓取的位置与力量大小。

（2）电子焊接制造 在焊线技术中，因为芯片维度的缩小，需要较强大的影像放大功能。在此环境中，高质量的成像镜头系统必须满足特殊的最佳化需求。由于机器视觉工具绝佳的操作模式、可靠度及视觉算法的高准确度，因而很好地解决了芯片焊接过程中的诸多问题。

（3）汽车零部件装配 汽车零部件具有品质要求高、批量大、形状各异的特点，每一个零件都涉及整车的质量，故其测量的尺寸多，精度要求高，需要根据不同的零部件特征与类型进行逐一测量。目前，大部分汽车制造商已使用机器视觉系统取代了普通的三坐标测量机。

（4）产品自动化分拣 自动化分拣是工业生产，特别是产品批量生产过程中的必需环节之一。工业生产过程中需要根据产品特性及其生产/出厂质量要求进行分拣，自动化分拣可以代替人工进行货物的分类、搬运和装卸工作，提高生产和工作效率，进而实现自动化、智能化、无人化。

（5）药品质量检测 机器人视觉技术在医疗领域的应用，已经从传统的药品包装、药瓶、标签等视觉检测发展到目前对生物芯片的检测、放射科的 X 射线射影等。通过引入机器人视觉系统，可以完成对图像信息的采集、存储、管理、处理及传输等功能。

10.2 机器人视觉工作流程

扫码看视频

10.2.1 机器人视觉硬件连接

机器人视觉系统由智能相机系统、PC 软件和机器人 3 大部分组成。其中，智能相机系统由智能相机、集成光源、信号电缆及配套软件组成，负责图像的采集与处理，并将处理结果通过以太网发送至机器人；PC 软件负责接收相机发送的数据并转发给机器人；机器人负责触发相机的拍照功能并接收图像处理结果，从而实现引导抓取动作。

本节将基于 HRG – HD1XKA 型工业机器人技能考核实训台进行系统搭建，如图 10-2 所示。

上位机 PC 经交换机将工业机器人和智能相机通过以太网方式进行连接，系统连接原理如图 10-3 所示。

图 10-2　HRG – HD1XKA 型工业机器人技能
考核实训台

177

以太网

IO信号

图 10-3　系统连接图

相机与机器人之间需要连接 IO 线缆，用于相机供电及机器人触发相机拍照。

10.2.2 机器人视觉原理

当系统启动运行后，相机与机器人之间实现配合作业，其工作流程如图 10-4 所示。
机器人视觉系统的工作流程如下：

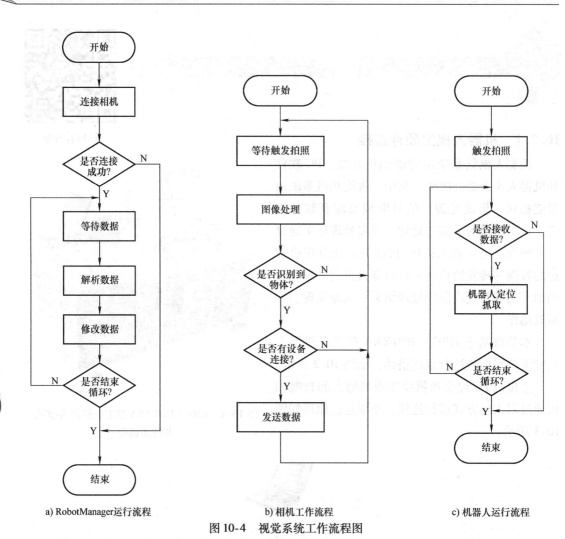

a) RobotManager运行流程　　　　　b) 相机工作流程　　　　　c) 机器人运行流程

图10-4　视觉系统工作流程图

1）相机作为服务器，RobotManager 应用程序作为客户端主动连接相机和机器人。

2）机器人输出脉冲信号以触发相机拍照。

3）相机拍照完成后进行图像处理，识别到物体后将位置数据发送至 RobotManager 应用程序，若未识别到物体则不会发送数据。

4）RobotManager 应用程序接收到数据后对数据进行解析，将解析后的数据发送至机器人。

5）机器人接收到数据后执行抓取任务，若未接收到数据或数据不符合要求，则跳过抓取任务。

 10.3　相机配置及组态编程

扫码看视频

10.3.1　相机连接及设置图像

根据机器人视觉引导的任务要求，需要提前对智能相机进行软件组态，以能够进行物体识别检测、机器人视觉引导等工作，主要包括智能相机 IP 设置、图像设置、视觉工具设置、数据输出与通信设置等步骤。

（1）配置设备 IP 设置计算机及相机的 IP 地址为同一网段，IP 地址配置见表 10-1。

表 10-1 IP 地址配置

类 别	计算机	相 机
IP	192.168.0.12	192.168.0.10
掩码	255.255.255.0	255.255.255.0
端口	—	3000

（2）设置图像 相机连接成功后，需要设置相机拍照触发器的类型、灯光的曝光参数等，以获取最佳的工作环境效果，为后续视觉检测工具能够准确检测奠定良好基础。设置步骤如下：

1）单击【应用程序步骤】中的【设置图像】按钮（见图 10-5），打开图像设置窗口。

2）单击【触发器】选项卡，将触发器类型修改为【相机】，在该模式下，相机拍照将通过 PIN10 TRIGGER 信号进行触发，如图 10-6 所示。

图 10-5 单击【设置图像】按钮

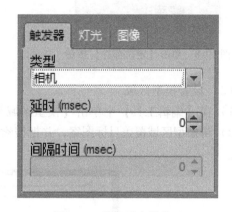

图 10-6 修改触发器类型

3）单击【灯光】选项卡，选中【自动曝光】单选按钮，将【光源控制模式】设置为【曝光时打开】，合理地设置亮度及曝光区域，如图 10-7 所示。

图 10-7 灯光选项卡

10.3.2 设置工具

相机采集图像完成后，需要通过一系列图像处理工具的组合应用生成所需要的结果并输出。本项目需要得出工件的位置和数量，将分别采用【定位部件】及【检查部件】下的工具实现。设置步骤如下：

（1）添加定位部件

1）单击【应用程序步骤】中的【定位部件】按钮（见图10-8），打开【添加工具】窗口。

2）选中【位置工具】下的【图案】工具，单击【添加】按钮完成工具的添加，如图10-9所示。

图10-8　单击【定位部件】按钮

图10-9　添加工具

（2）设置模型区域

1）在【编辑工具】中单击【模型区域】按钮。

2）将模型区域覆盖目标图案，并把搜索区域设置为目标图像计划搜索区域，如图10-10所示。

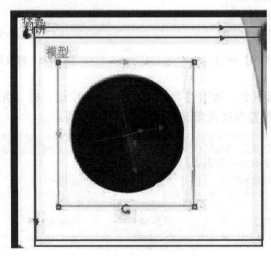

图10-10　设置模型区域

3）选择完成后单击【编辑工具】中的【训练】按钮。

（3）设置其他参数

1）设置【图案】的阈值对识别的图像进行过滤，以防止其他相似图像的干扰。

2) 修改名称为"料饼"，如图10-11所示。

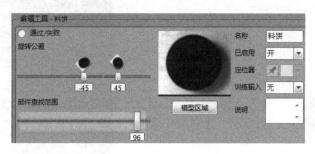

图 10-11　修改名称

（4）添加检查部件

1) 单击【应用程序步骤】中的【检查部件】按钮，打开【添加工具】窗口，如图 10-12 所示。

2) 选择【计数工具】下的【图案】工具，单击【添加】按钮完成工具的添加，如图 10-13 所示。

图 10-12　单击【检查部件】按钮

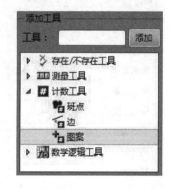

图 10-13　添加工具

（5）设置模型区域

1) 在【编辑工具】中单击【模型区域】按钮。

2) 将模型区域覆盖目标图案，并把搜索区域设置为目标图像计划搜索区域，如图 10-14所示。

3) 选择完成后单击【编辑工具】中的【训练】按钮。

（6）修改常规参数

1) 修改工具名称为"料饼个数"。

2) 设置工具定位器为"无"。

3) 设置工具已启用为"开"，如图 10-15 所示。

（7）修改设置参数

1) 根据需要设置合格阈值，此处设为"85"。

2) 根据需要设置角度公差，此处设为"15"，如图 10-16 所示。

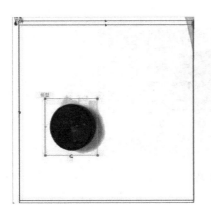

图 10-14　设置模型区域

图 10-15　修改常规参数

（8）修改范围限制参数　根据需要填写范围限制的最大值及最小值，此处分别填写"4"和"1"，单击【设置限制】按钮使设置生效，如图 10-17 所示。

图 10-16　修改设置参数

图 10-17　设置范围限制

10.3.3　配置结果及运行

康耐视 In－Sight2000 系列视觉系统中的智能相机支持多种通信协议，本项目以 TCP/IP 方式通过 SOCKET 进行数据交互。通信协议的格式定义为"XXX,XXX,XXX,"，即以逗号隔开每个有效数据，数据内容由左至右分别为"数据头加目标个数，最优目标 X 坐标数值，最优目标 Y 坐标数值，"（以逗号结尾）。

需要设置通信协议并保存作业，设置自动运行后，工程将上电自动运行，操作步骤如下：

（1）选择协议

1）单击【应用程序步骤】中的【通信】按钮。

2）在【通信】窗口中单击【添加设备】按钮。

3）在【设备设置】窗口中，设备选择【其他】，协议选择【TCP/IP】，单击【确定】按钮，如图 10-18 所示。

（2）设置服务器端口（见图10-19）

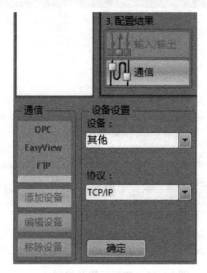

图 10-18　选择【TCP/IP】

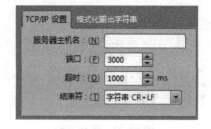

图 10-19　设置服务器端口

（3）设置格式化输出字符串　单击【格式化输出字符串】选项卡下的【格式字符串】按钮，如图10-20所示。

（4）格式化字符串

1）设置开头文本为"v"。

2）设置结尾文本为","。

3）设置结束符为"无"。

4）勾选【使用分隔符】复选按钮，选中【标准】单选按钮，选择【逗号】分隔符，如图10-21所示。

图 10-20　格式化输出字符串

图 10-21　格式化字符串

（5）添加数据　展开"料饼"栏，依次添加"料饼个数.图案计数""料饼.定位器.X"和"料饼.定位器.Y"，如图10-22所示。

（6）修改数据标签及类型

1）为了方便记忆，可设置每个数据的标签，并选择数据类型及数据宽度。【输出字符串】窗口将显示当前格式下待输出的数据文本，如图10-23所示。

2）单击【确定】按钮结束配置。

（7）打开【保存作业】窗口

1）单击【应用程序步骤】中的【保存作业】按钮。

183

标签	名称	数据类型
Label	料饼个数.图案计数	整型
Label	料饼定位器.X	整型
Label	料饼定位器.Y	整型

图 10-22　添加数据

图 10-23　数据标签及类型

2）单击【保存作业】窗口中的【保存】按钮，如图 10-24 所示。

（8）保存作业

1）选择"In – Sight 传感器"。

2）设置文件名为"ABB_ LIAOBINGV1. 0"，单击【保存】按钮将作业保存至相机中，如图 10-25 所示。

图 10-24　保存作业窗口

图 10-25　保存作业

（9）设置启动选项

1）在【启动选项】中单击【...】按钮。

2）在弹出的【启动】对话框中选择"ABB_LIAOBINGV1. 0. job"作业，完成启动选项的配置，如图 10-26 所示。

（10）运行作业

1）单击【应用程序步骤】中的【运行作业】按钮。

2）单击【联机】按钮启动作业运行，在窗口中可以看到工具的运行结果，如图 10-27 所示。

图 10-26 设置启动选项

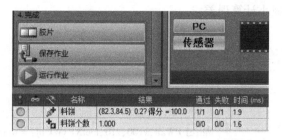

图 10-27 运行作业

10.4 机器人编程与调试

扫码看视频

185

10.4.1 程序结构及数据定义

为了增强程序的重用性，使结构更加清晰，将程序按功能分为 2 个例行程序，分别执行不同的功能。各部分子程序的名称及功能如下：

（1）PickWobj 子程序　该例行程序用于实现对识别物体的搬运抓取。

（2）main 主程序　主程序对例行子程序进行调用，并对返回结果进行分析，实现系统流程控制。

相机与机器人之间通过 IO 线缆进行通信控制，其映射关系见表 10-2。

表 10-2　全局变量定义

名　　称	类　　型	映射地址	功　　能
total	num	—	工件总数
nx	num	—	工件 X 坐标
ny	num	—	工件 Y 坐标
doTrigger	Digital Output	1	触发相机拍照
doSucker	Digital Output	2	触发吸盘

10.4.2 机器人程序调试

PickWobj 例行子程序用于执行目标物体的吸取和放置动作，其中使用 nx 作为相机识别到工件的 X 轴坐标，ny 作为相机识别到工件的 Y 轴坐标。在对物体进行定位时，机器人工件坐标系与相机视野坐标系分为以下 3 种情况：

1）两者重合：此时 nx 与 ny 为工件在工件坐标系下的偏移坐标，可以直接使用。

2）两者不重合但平行：此时需要在 nx 与 ny 的基础上加上相机视野原点在机器人工件坐标系下的值。

3）两者不重合且不平行：此时需要先将相机视野坐标系进行旋转，再进行相应偏移。

一般地，由于机器人工件坐标系可以自由标定，因而应尽可能保证满足前两种情况，以减小计算误差。

程序代码如下：

```
VAR num nx: = 0;
VAR num ny: = 0;
PROC PickWobj( )
        ! 运动至过渡点
        MoveJ PWait,v100,z10,toolXP\WObj: = wobjCamera;
        ! 运动至抓取点上方
        MoveL Offs（POrigin,nx,ny,50）,v100,z5,toolXP\WObj: = wobjCamera;
        ! 运动至抓取点并抓取
        MoveL Offs（POrigin,nx,ny,20）,v100,fine,toolXP\WObj: = wobjCamera;
        Set doSucker;
        WaitTime 0.5;
        ! 依次返回抓取点上方及过渡点
        MoveL Offs(POrigin,nx,ny,50),v100,z5,toolXP\WObj: = wobjCamera;
        MoveL PWAIT,v100,z10,toolXP\WObj: = wobjCamera;
        ! 运动至放置点上方
        MoveL Offs(PDrop,0,0,50),v100,z5,toolXP\WObj: = wobjCamera;
        ! 运动至放置点并放置
        MoveL PDrop,v100,fine,toolXP\WObj: = wobjCamera;
        Reset doSucker;
        WaitTime 0.5;
        ! 运动至放置点上方并返回
        MoveL Offs(PDrop,0,0,50),v100,z5,toolXP\WObj: = wobjCamera;
        MoveJ PHome,v100,fine,toolXP\WObj: = wobjCamera;
ENDPROC

PROC main( )
        ! 运动至零点
        MoveJ PHome,v100,fine,toolXP\WObj: = wobjCamera;
        ! 触发相机拍照
        PulseDO\PLength: = 1, doTrigger;
        WAITTIME 0.5;
        ! 判断是否接收到数据
        WHILE total > 0 DO
            ! 执行抓取动作
            PickWobj;
            total : = 0;
```

```
        nx : = 0;
        ny : = 0;
        ! 再次触发拍照
        PulseDO\PLength: = 1, doTrigger;
    ENDWHILE
ENDPROC
```

ABB 机器人以 main 程序作为程序入口，main 作为主程序实现对例行子程序的调用，并根据返回结果对整个程序的运行流程进行控制。

10.5 机器人视觉应用管理

扫码看视频

10.5.1 机器人相机控制

机器人相机控制是指先通过相机识别工件的 X 轴坐标和 Y 轴坐标，再将参数通过 TCP/IP 协议传递给 PC 应用程序，PC 应用程序解析完数据再传递给机器人控制器，从而对物体进行定位。

1. 机器人相机控制的操作步骤

（1）创建选项卡

1）单击【TabPages】集合按钮，创建【视觉管理】选项卡，如图 10-28 所示。

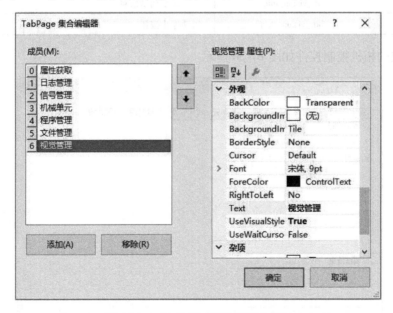

图 10-28　创建【视觉管理】选项卡

2）创建的【视觉管理】选项卡如图 10-29 所示。

（2）在选项卡中创建控件　创建 2 个 GroupBox 控件和 2 个 Label 控件。相机控制控件见

187

图 10-29 【视觉管理】选项卡

表 10-3。

表 10-3 相机控制控件

控 件	控件名称	描 述
TextBox	tb_ip	用于输入 ip 地址
	tp_post	用于输入端口号
	tb_vision_info	用于显示调试信息
Button	btn_vision_start	启动停止按钮

创建完成的相机控制控件如图 10-30 所示。

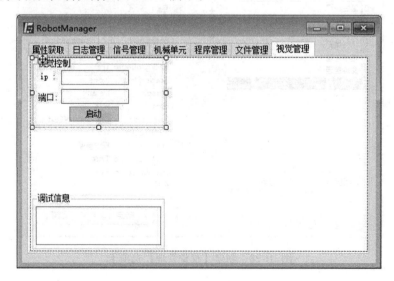

图 10-30 相机控制控件

2. 代码示例

（1）添加命名空间

```
using System. Net;
using System. Net. Sockets;
```

使用 Socket 以及获取 ip、端口的相关方法添加以上命名空间。

（2）声明套接字

```
//客户端套接字
Socket clientSocket;
```

（3）添加 Click 事件　双击"启动"按钮并添加代码如下：

```
private void btn_vision_start_Click(object sender, EventArgs e)
{
    if (controller == null)
    {
        return;
    }
    //启动
    if (btn_vision_start. Text == "启动")
    {
        if (tb_ip. Text == "" || tp_post. Text == "")
        {
            MessageBox. Show("请输入 ip 和端口号");
            return;
        }

        try
        {
            //连接相机
            ConnectCamera(tb_ip. Text, tp_post. Text);
        }
        catch (Exception ex)
        {
            tb_vision_info. AppendText("相机连接失败!:" + ex. ToString() + "\r\n");
        }
    }
    else //停止
    {
        clientSocket. Close();
        btn_vision_start. Text = "启动";
        tb_vision_info. AppendText("相机连接断开!" + "\r\n");
    }
}
//连接相机
```

```
private void ConnectCamera(string strIp, string strPort)
{
    //ip 地址
    string host = tb_ip. Text;
    //端口
    int port = int. Parse(tp_post. Text);
    IPAddress ip = IPAddress. Parse(host);
    IPEndPoint ipe = new IPEndPoint(ip, port);
    //套接字
    clientSocket = new Socket(AddressFamily. InterNetwork, SocketType. Stream, ProtocolType. Tcp);
    //连接相机
    clientSocket. Connect(ipe);
    tb_vision_info. AppendText("相机连接成功!" + "\r\n");
    btn_vision_start. Text = "停止";
}
```

使用 IPEndPoint 类对象获取终结点的 ip 地址和端口号，再根据 Socket 对象调用 Connect 方法连接相机。

（4）运行程序 登录控制器，输入 ip 和端口，单击【启动】按钮，结果如图 10-31 所示。

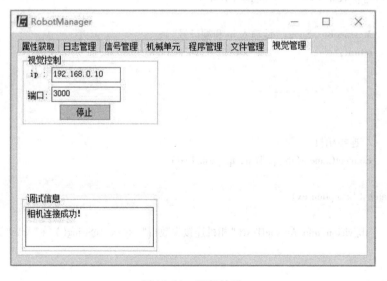

图 10-31 运行结果

10.5.2 机器人数据获取

RobotManager 应用程序成功连接相机后，可以获取相机中定位的工件坐标数据，再根据该坐标设置机器人程序数据。本节需要创建 1 个 GroupBox 控件和 3 个 Label 控件。代码中用到的控件见表 10-4。

表 10-4 代码中用到的控件

控 件	控件名称	描 述
Label	lb_vision_num	用于显示数据总数
	lb_vision_x	用于显示位置 x
	lb_vision_y	用于显示位置 y
PictureBox	pb_Vision	用于显示考核实训台图片

创建完成的视觉信息控件如图 10-32 所示。

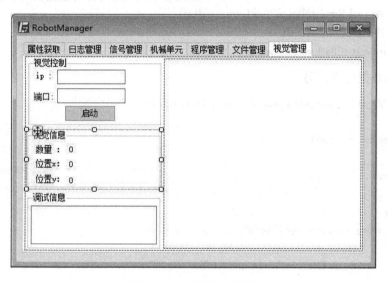

图 10-32 视觉信息控件

选中 pb_Vision 控件，通过其【Image】属性导入实训台图片，显示效果如图 10-33 所示。

图 10-33 导入实训台图片

程序代码如下：

（1）添加命名空间

```
using System. Threading;
```

（2）声明客户端线程以及相机消息回调

```
//接收客户端发送消息的线程
Thread threadReceive;
//定义接收相机发送消息的回调
private delegate void ReceiveMsgCallBack(string strMsg);
//声明接收相机发送消息的回调
private ReceiveMsgCallBack receiveCallBack;
```

（3）添加数据处理代码

```
private void btn_vision_start_Click(object sender, EventArgs e)
{
    if (controller == null)
    {
        return;
    }
    //启动
    if (btn_vision_start. Text == "启动")
    {
            if (tb_ip. Text == "" || tp_post. Text == "")
            {
                MessageBox. Show("请输入 ip 和端口号");
                return;
            }

            try
            {
                //连接相机
                ConnectCamera(tb_ip. Text, tp_post. Text);
                //开启线程接收数据
                StartReceiveThread();
            }
            catch (Exception ex)
            {
                tb_vision_info. AppendText("相机连接失败!:" + ex. ToString() +"\r\n");
            }
    }
        else //停止
        {
            clientSocket. Close();
            btn_vision_start. Text = "启动";
```

```
                    tb_vision_info. AppendText("相机连接断开!" + "\r\n");
                    //终止线程
                    threadReceive. Abort();
            }
    }
    //开启线程接收数据
    private void StartReceiveThread()
    {
        //实例化回调
        receiveCallBack = new ReceiveMsgCallBack(DisposeValue);
        //开启一个新的线程不停地接收消息
        threadReceive = new Thread(new ThreadStart(Receive));
        //设置为后台线程
        threadReceive. IsBackground = true;
        threadReceive. Start();
    }
    private void Receive()
    {
        try
        {
            //接收数据
            while (true)
            {
                string recStr = "";
                byte[] recBytes = new byte[4096];
                int bytes = clientSocket. Receive(recBytes, recBytes. Length, 0);
                recStr += Encoding. Default. GetString(recBytes, 0, bytes);
                tb_vision_info. Invoke(receiveCallBack, recStr);
            }
        }
        catch (Exception ex)
        {
            MessageBox. Show("连接断开!");
        }
    }
    private void DisposeValue(string strValue)
    {
        if (strValue == "")
            return;
        tb_vision_info. AppendText("数据:" + strValue + "\r\n");
        string[] arrTemp = strValue. Split(',');
        int length = arrTemp. Length;
        if (arrTemp[0][0] == 'v' && length == 4)
```

193

```
            {
                char cnum = arrTemp[0][1];
                lb_vision_num. Text = cnum. ToString( );
                lb_vision_x. Text = arrTemp[1];
                lb_vision_y. Text = arrTemp[2];
                //写入数据
                WriteRapidDate("T_ROB1", "MainModule", "total", cnum. ToString( ));
                WriteRapidDate("T_ROB1", "MainModule", "nx", arrTemp[1]);
                WriteRapidDate("T_ROB1", "MainModule", "ny", arrTemp[2]);
            }
            else
            {
                tb_vision_info. AppendText("数据格式错误! \r\n");
            }
        }
```

相机连接成功后，创建一个新的线程用于接收相机下发的数据。收到消息后对数据进行处理，然后调用 WriteRapidDate 方法写入机器人程序。

（4）运行程序

1）启动机器人并切换到自动模式，如图 10-34 所示。

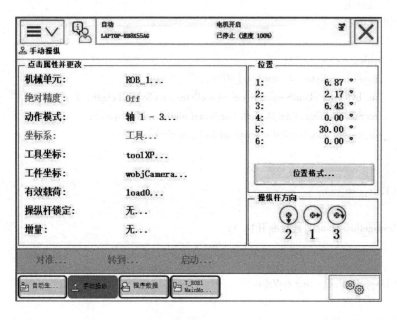

图 10-34　启动机器人

2）运行 RobotManager 应用程序。输入 ip 和端口号，单击 "启动" 按钮连接相机，如图 10-35 所示。

3）放置料饼，单击【PP 移至 Main】，单击【运行程序】按钮运行机器人程序，结果如图 10-36 和图 10-37 所示。

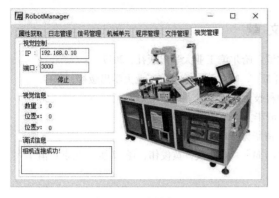

图 10-35　连接相机

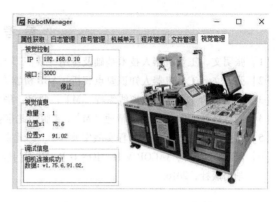

图 10-36　RobotManager 运行结果

图 10-37　机器人程序运行

思　考　题

1. 机器人视觉系统由哪几部分组成?
2. 相机怎样设置数据内容格式?
3. 简述机器人视觉系统的运行流程。

参 考 文 献

［1］张明文．工业机器人技术基础及应用［M］．哈尔滨：哈尔滨工业大学出版社，2017.

［2］张明文．工业机器人知识要点解析：ABB 机器人［M］．哈尔滨：哈尔滨工业大学出版社，2017.

［3］张明文．工业机器人离线编程［M］．武汉：华中科技大学出版社，2017.

［4］明日科技．C#从入门到精通［M］．4 版．北京：清华大学出版社，2017.

［5］付强，丁宁，等．C#编程实战宝典［M］．北京：清华大学出版社，2014.

［6］BENJAMIN P, JACOB V H, JON D R. C#入门经典［M］．齐立波，黄俊伟，译．7 版．北京：清华大学出版社，2016.

先进制造业学习平台

先进制造业职业技能学习平台

工业机器人教育网（www.irobot-edu.com）

先进制造业互动教学平台

教学APP

一键下载
收入口袋

专业的教育平台	先进制造业垂直领域在线教育平台
更轻的学习方式	随时随地、无门槛实时线上学习
全维度学习体验	理论加实操，线上线下无缝对接
更快的成长路径	与百万工程师在线一起学习交流

领取专享积分

下载"教学APP"，进入"学问"—"圈子"，
晒出您与本书的合影或学习心得，即可领取超额积分。

先进制造业人才培养丛书书目

步骤一

登录"工业机器人教育网"
www.irobot-edu.com，在菜单栏单击【职校】

步骤二

在菜单栏【在线学堂】下方找到您需要的课程

步骤三

在课程内视频下方单击【课件下载】

教学课件下载步骤

咨询与反馈

尊敬的读者：

感谢您选用我们的教材！

本书有丰富的配套教学资源，在使用过程中，如有任何疑问或建议，可通过邮件（edubot@hitrobotgroup.com）或扫描右侧二维码，在线提交咨询信息。

全国服务热线：400-6688-955

（教学资源建议反馈表）